Adel Yaïch
Abdelkader Chaari

Techniques de la modélisation et de la commande des systèmes

Adel Yaïch
Abdelkader Chaari

Techniques de la modélisation et de la commande des systèmes

Les réseaux de neurones et la logique floue pour la modélisation et la commande des systèmes

Presses Académiques Francophones

Impressum / Mentions légales
Bibliografische Information der Deutschen Nationalbibliothek: Die Deutsche Nationalbibliothek verzeichnet diese Publikation in der Deutschen Nationalbibliografie; detaillierte bibliografische Daten sind im Internet über http://dnb.d-nb.de abrufbar.
Alle in diesem Buch genannten Marken und Produktnamen unterliegen warenzeichen-, marken- oder patentrechtlichem Schutz bzw. sind Warenzeichen oder eingetragene Warenzeichen der jeweiligen Inhaber. Die Wiedergabe von Marken, Produktnamen, Gebrauchsnamen, Handelsnamen, Warenbezeichnungen u.s.w. in diesem Werk berechtigt auch ohne besondere Kennzeichnung nicht zu der Annahme, dass solche Namen im Sinne der Warenzeichen- und Markenschutzgesetzgebung als frei zu betrachten wären und daher von jedermann benutzt werden dürften.

Information bibliographique publiée par la Deutsche Nationalbibliothek: La Deutsche Nationalbibliothek inscrit cette publication à la Deutsche Nationalbibliografie; des données bibliographiques détaillées sont disponibles sur internet à l'adresse http://dnb.d-nb.de.
Toutes marques et noms de produits mentionnés dans ce livre demeurent sous la protection des marques, des marques déposées et des brevets, et sont des marques ou des marques déposées de leurs détenteurs respectifs. L'utilisation des marques, noms de produits, noms communs, noms commerciaux, descriptions de produits, etc, même sans qu'ils soient mentionnés de façon particulière dans ce livre ne signifie en aucune façon que ces noms peuvent être utilisés sans restriction à l'égard de la législation pour la protection des marques et des marques déposées et pourraient donc être utilisés par quiconque.

Coverbild / Photo de couverture: www.ingimage.com

Verlag / Editeur:
Presses Académiques Francophones
ist ein Imprint der / est une marque déposée de
AV Akademikerverlag GmbH & Co. KG
Heinrich-Böcking-Str. 6-8, 66121 Saarbrücken, Deutschland / Allemagne
Email: info@presses-academiques.com

Herstellung: siehe letzte Seite /
Impression: voir la dernière page
ISBN: 978-3-8381-7023-7

Copyright / Droit d'auteur © 2012 AV Akademikerverlag GmbH & Co. KG
Alle Rechte vorbehalten. / Tous droits réservés. Saarbrücken 2012

TABLE DES MATIERES

CHAPITRE 2

CHAPITRE 3

CHAPITRE 4

Introduction générale

La commande d'un système nécessite la modélisation de celui-ci, c'est à dire la détermination des relations liant ses variables. Ces relations peuvent s'exprimer comme une fonction associant aux variables d'entrée les variables de sortie. La description d'un système par un modèle mathématique peut être menée en se basant, soit sur une analyse théorique, soit sur une analyse expérimentale, ou encore sur une analyse théorico-expérimentale.

Par ailleurs, la description de la dynamique du système peut être faite en utilisant les concepts des réseaux de neurones et la logique floue. Un autre problème est la détermination de la loi de commande. Il s'agit ici de trouver quelles valeurs donner aux variables d'entrées en fonction des valeurs désirées des variables de sortie, et ce, en vue de satisfaire des critères de performances visés.

On se propose, dans ce livre, de développer les concepts des réseaux de neurones et la de logique floue pour résoudre certains problèmes liés à la modélisation et à la commande des systèmes. Ces deux approches visent de reproduire respectivement le comportement dynamique du système ou celui d'un expert humain ayant une bonne connaissance du système.

En effet, Il est maintenant connu que les réseaux de neurones sont des approximateurs universels, constitués d'un grand nombre d'unités de traitement élémentaires réparties et opérant en parallèle. La méthode habituelle, lorsque l'on cherche à approcher une fonction par un réseau de neurones, consiste à se donner un ensemble de mesures de cette fonction, et à minimiser une erreur sur ces points par un algorithme d'apprentissage. Ce type d'approximation demeure nécessaire quand on veut utiliser le modèle fourni par l'identification pour déterminer une loi de commande. Un des avantages des réseaux de neurones est leur excellente robustesse au bruit.

1

Cette robustesse provient du fait que chaque information est répartie sur plusieurs neurones à la fois.

Le concept de la logique floue utilise des informations linguistiques sous forme de règles simples de type "si..., alors...", qui sont faciles à interpréter et issues de la capacité d'un expert ou de l'expérience humaine.

Les techniques neuronales et floues connaissent, ces dernières années, un intérêt de plus en plus important auprès de plusieurs chercheurs, notamment les automaticiens. Cet intérêt s'explique par le développement de leurs applications dans divers domaines industriels. Ces applications montrent que ces deux approches peuvent intervenir efficacement dans la modélisation et la commande des systèmes complexes. Notons, par ailleurs, que les réseaux de neurones et la logique floue peuvent être utilisés conjointement afin de tirer avantage de leurs qualités respectives.

Notre travail, objet du présent document, est organisé en quatre chapitres.

L'objet du chapitre 1 est de montrer les performances des réseaux de neurones en matière d'identification des systèmes complexes, notamment non linéaires. Pour cela, on commence par donner un aperçu général sur les réseaux de neurones. On propose, par la suite les structures de modèles non linéaires et leurs prédicteurs neuronals correspondants. On décrit aussi dans ce chapitre les principaux algorithmes d'apprentissage ainsi que des tests de mesure de performance. De plus, on développe, dans ce chapitre, des tests statistiques de validation du modèle neuronal. Une application illustrant les avantages des réseaux de neurones dans la modélisation des systèmes non linéaires est donnée en fin de chapitre.

Le chapitre 2 est consacré à la modélisation des systèmes par la logique floue et par les techniques neuro-floue. Dans la première partie, on expose la théorie des ensembles flous; ensuite, on étudie l'approche de la modélisation floue basée sur des règles linguistiques de type Takagi-Sugeno, et enfin, on décrit, en s'appuyant sur un exemple de simulation, la méthode de clustering. La deuxième partie de ce chapitre présente l'utilisation conjointe des réseaux de neurones et de la logique floue pour la modélisation des systèmes. Deux types de réseaux neuro-flous sont présentés: un premier réseau neuro-flou à fonction de base radiale (RBF) et un deuxième réseau neuro-flou multicouches. On propose aussi dans ce chapitre un nouvel algorithme d'optimisation basé sur les automates à apprentissage. Une application utilisant les automates pour l'identification d'un système d'inférence floue est donnée à la fin de ce chapitre.

Dans le chapitre 3, on développe des schémas de commande avancée des systèmes non linéaires; il s'agit notamment de la commande:

- neuronale directe par modèle inverse,

- neuronale par modèle interne,

- par duplication neuronale,

- par anticipation,

- prédictive neuronale à base de modèles,

- neuronale par linéarisation entrée-sortie.

Ces différents types de commandes seront commentés et analysés pour dégager leurs avantages d'une part, et mettre en relief leurs limites d'utilisation d'autre part. On traite également, dans ce chapitre, de la commande adaptative neuronale, et ce, après avoir présenté un bref aperçu sur la commande adaptative classique. Deux types de commande adaptative neuronale seront proposés: une première commande de type prédictive et une seconde de type linéarisation entrée-sortie. De même, On présente, dans ce troisième chapitre, les différentes étapes de réalisation d'un contrôleur floue de Mamdani, que nous validons par:

- la simulation d'un four électrique,

3

- la commande en temps réel d'un moteur à courant continu.

On termine ce chapitre par le développement d'une application de la commande adaptative floue en utilisant le modèle inverse.

Le chapitre 4 de ce travail est consacré à une étude de cas complète portant sur la modélisation et à la commande neuronale d'une serre agricole. Notons qu'une serre agricole est un système complexe dans lequel interviennent des échanges énergétiques, des fonctions biologiques, assurant le développement des plantes. La commande d'une serre agricole a pour but de créer un microclimat adapté à une culture donnée. En effet, chaque culture a besoin de conditions climatologiques et d'environnement très particulières (température, hygrométrie, etc.), d'où l'intérêt de trouver un modèle qui permet de mieux cerner son comportement. De plus, la serre agricole est un système ouvert au monde extérieur et ainsi aux perturbations, ce qui rend sa commande plus délicate.

Réseaux de neurones pour la modélisation des systèmes

1.1 . Introduction

Durant ces dernières décennies, un effort important a été accordé à la modélisation des systèmes, et ce, dans plusieurs disciplines, notamment en Automatique. Différentes méthodes et techniques de modélisation ont été étudiées; ce qui a permis un développement scientifique et technologique important dans divers domaines (machines électriques, robotique, biotechnologie, etc.). En effet, on trouve dans la littérature plusieurs travaux, menés par des automaticiens, qui s'intéressent à la modélisation des systèmes (voir, e.g. Fasol et Jörgl, 1980; Iserman, 1980; Kamoun *et al.* 1988; Mao et Billings, 1997; Iatrou *et al.* 1999).

Soulignons que la modélisation est une étape nécessaire avant d'entreprendre toute étude de commande d'un système. Elle peut être menée à partir de trois méthodes. La première méthode (méthode analytique) utilise une analyse théorique, c'est-à-dire que la formulation du modèle mathématique se fait à partir des lois universelles qui régissent le système à modéliser. Le modèle mathématique qui en résulte est appelé modèle de connaissance. Les paramètres qui interviennent dans ce type de modèle ont une signification physique. La deuxième méthode (méthode expérimentale) se base sur une analyse expérimentale, où un ensemble de mesures relevées sur le système permet d'élaborer, moyennant une méthode d'identification, un modèle mathématique décrivant le comportement dynamique de celui-ci. Ce modèle mathématique est appelé modèle de représentation ou encore modèle "boite noire". Les paramètres qui interviennent dans ce modèle mathématique n'ont aucune signification physique. Quant à la troisième méthode (méthode

5

théorico-expérimentale), elle permet de formuler un modèle mathématique à partir de la connaissance des mesures expérimentales issues du système et des informations théoriques sur l'évolution des phénomènes physico-chimiques relatifs au système. Le modèle mathématique qui en résulte est de type représentation. Cette troisième méthode correspond donc à une combinaison entre la première et la deuxième méthode.

Actuellement, les modèles de représentation sont les plus utilisés dans la commande des systèmes; ceci est dû à leur simplicité de mise en œuvre pratique. Cependant, leur validité est limitée à un domaine de fonctionnement déterminé par l'ensemble d'apprentissage, tandis que celle des modèles de connaissance est déterminée par l'exactitude des hypothèses et la pertinence des approximations faites lors de l'analyse physique des phénomènes qui régissent le système.

Par ailleurs, il convient de noter que la modélisation des systèmes complexes (non linéaires, de grande dimension, etc.) à partir d'une analyse théorique peut mener à un échec. En effet, ces systèmes sont trop complexes pour que l'on puisse formuler théoriquement, et avec une analyse rigoureuse, des modèles mathématiques décrivant correctement leur comportement dynamique. Notons toutefois que, si on arrive parfois à décrire un système complexe en se basant sur cette approche, alors le modèle mathématique obtenu ne sera pas, en général, exploitable en vue de la synthèse d'un schéma de commande numérique. Ceci est dû, d'une part, à la complexité de la résolution des équations de ce modèle, et d'autre part, à la non prise en compte des phénomènes aléatoires pouvant agir sur le système. Dans ce contexte, plusieurs modèles mathématiques complexes de systèmes industriels ont été formulés par des physiciens, mais très peu de ces modèles sont directement utilisés par les automaticiens. Par exemple, dans l'application menée par (Najim *et al.* 1989), on opte pour un modèle de type entrée-sortie, bien que l'on dispose d'un modèle de connaissance. Toutefois, la modélisation à partir d'une analyse théorique permet à l'automaticien d'avoir une idée assez précise sur les différents éléments du système.

Lors de l'élaboration d'un modèle d'un système complexe, les concepts des réseaux de neurones permettent la description de la dynamique du système de façon satisfaisante. En effet, les réseaux de neurones sont des approximateurs universels de fonctions complexes qui peuvent être employés aussi bien dans un cadre déterministe que dans un cadre stochastique (voir, e.g. Hornik, 1989; Chen *et al.* 1990; Chen et Billings, 1992; Belfore et Arkadan, 1997). La propriété d'approximation universelle des réseaux de neurones peut s'énoncer comme suit : pour toute fonction déterministe suffisamment régulière, il existe au moins un réseau de neurones non bouclé, possédant une couche de neurones cachés et un neurone de sortie linéaire, qui réalise une approximation de cette fonction et de ses dérivées successives, au sens des moindres carrés, avec une précision arbitraire (Hornik *et al.*, 1990; Barron, 1993).

Il va de soi que la propriété d'approximation universelle n'est pas spécifique aux réseaux de neurones. Ainsi, les polynômes, les séries de Fourier et les fonctions splines possèdent cette même particularité. Ajoutons que les réseaux de neurones se distinguent des autres approximateurs universels usuels par leur parcimonie, c'est-à-dire que pour obtenir une approximation d'une précision donnée, les réseaux de neurones utilisent moins de paramètres que les autres approximateurs usuels. En particulier, le nombre de paramètres varie essentiellement de manière linéaire en fonction du nombre de variables de la fonction que l'on cherche à approcher dans le cas des réseaux de neurones, alors qu'il varie beaucoup plus rapidement avec la dimension de l'espace des entrées dans le cas des autres approximateurs usuels (Hornik *et al.*, 1990).

Dans les applications industrielles, les réseaux de neurones présentent plusieurs avantages. Parmi ces avantages, on peut citer :

7

- le temps de calcul, qui correspond à l'estimation des coefficients du réseau (l'apprentissage), est relativement faible. Ce temps est d'autant faible que le nombre de paramètres à calculer est petit ;

- la quantité d'informations nécessaire pour le calcul des coefficients, qui se traduit par la taille de l'échantillon (i.e., le nombre de mesures issues du système) nécessaire pour l'apprentissage. Cet échantillon croît avec le nombre de poids; c'est-à-dire le fait d'utiliser moins de coefficients que les méthodes classiques de régression permet donc d'avoir moins de mesures des données, ce qui peut être particulièrement important lorsque l'acquisition est coûteuse ou lente.

On distingue deux types de modèles de réseaux de neurones.

M1. Modèle de simulation, appelé encore simulateur, c'est un "système informatique" qui possède un comportement dynamique analogue à celui du système. Il est destiné à fonctionner indépendamment de celui-ci. Les modèles de simulation permettent de :

- valider des hypothèses sur le système que l'on étudie, en vue d'extrapoler son comportement dans des domaines de fonctionnement où l'on ne dispose pas de résultats expérimentaux;

- tester de nouveaux schémas de commande, qui sont difficiles à mettre en œuvre pratique.

M2. Modèle de prédiction, appelé encore prédicteur, qui fonctionne en parallèle avec le système modélisé (voir, e.g. Sorsa et Koivo, 1993; Sjöberg *et al*. 1994; Tan et Cauwenberghe, 1996; Stenman, 1999). Il permet de prédire la valeur de la sortie du système à partir de la connaissance de ses entrées-sorties; ceci en vue de formuler une loi de commande. Ces modèles de prédiction sont de plus en plus utilisés dans les applications industrielles (voir, e.g. Sorsa et Koivo, 1992; Koivisto *et al*. 1993; Iwahori *et al*. 1994).

La distinction entre "modèles prédictifs" et "modèles de simulation" est essentiellement liée au domaine d'utilisation de ce modèle. En effet, un même modèle peut, dans certains cas, être utilisé soit comme prédicteur, soit comme simulateur.

Dans ce livre, on s'intéresse à l'élaboration de modèles du type "boîte noire" de processus dynamiques non linéaires et stationnaires. Les modèles «boîtes noires" sont bien adaptés à la commande de processus non linéaires, où l'on a souvent besoin des systèmes à structure relativement simple, afin de pouvoir effectuer de nombreux calculs, et ajuster si nécessaire les paramètres du modèle à des ensembles de données expérimentales nouvelles.

Après cette introduction, on présentera un aperçu sur les réseaux de neurones, ainsi que l'identification des systèmes non linéaires utilisant cette approche neuronale. Des résultats de simulation seront donnés à la fin de ce chapitre.

1.2. Aperçu sur les réseaux de neurones

Sous le terme de réseaux de neurones, on regroupe aujourd'hui un certain nombre de modèles dont l'intention est d'imiter certaines des fonctions du cerveau humain en reproduisant certaines de ses structures de base. Les réseaux de neurones formels, appelés aussi réseaux neuronaux ou réseaux neuro-mimétriques ou encore modèles connexionnistes, constituent aujourd'hui un outil de modélisation et de calcul de plus en plus utilisé dans de nombreux domaines d'applications, tels que : la reconnaissance des formes (voir, e.g., Banks et Harrison, 1991; Sorsa et Koivo, 1992), le traitement de signaux (voir, e.g., Sejnowski et Rosenberg, 1987) et la commande des systèmes (voir, e.g., Noriega et Wang, 1998; Qin *et al*., 1992; Koivisto *et al*., 1993; Gomm *et al*., 1997).

Les applications des réseaux de neurones nécessitent, en général, une grande puissance de calcul et se prêtent souvent à la parallélisation. Soulignons que le traitement parallèle des données se base sur des calculateurs parallèles ou machines connexionnistes. Les réseaux de neurones formels sont ceux constitués de processeurs très simples qui ne possèdent pas de mémoire, mais qui sont fortement interconnectés. La capacité de traitement de ces processeurs est essentiellement déterminée par l'intensité des connexions entre les processeurs-neurones.

Contrairement aux autres systèmes parallèles, qui sont programmables, les réseaux de neurones formels doivent être considérés comme des objets dont les propriétés sont fonction des connexions entre neurones. Notons que le temps de calcul et de transmission d'un signal d'un neurone vers un autre est d'environ 1 ms. A titre d'exemple, une information complexe visuelle ne dépasse pas en général 500 ms, et ceci en raison du parallélisme massif des unités de traitement du cerveau (Touzet, 1992). On distingue plusieurs familles de réseaux de neurones artificiels, et ceci selon la nature de traitement cellulaire, la topologie des connexions et le principe d'adaptation (algorithme d'apprentissage) utilisé pour la mise à jour des poids des connexions :

- le traitement cellulaire, qui est constitué d'une partie linéaire, représentant la somme pondérée des entrées de la cellule, suivie d'un élément décisif non linéaire qui peut être dérivable ou non, et ce, selon l'application envisagée;

- la topologie des connexions, qui définit la structure du réseau. En effet, un réseau peut être bouclé (réseau récurrent) ou non, fortement ou partiellement connecté (Touzet, 1992);

- l'apprentissage peut être supervisé, où les pondérations sont ajustées de façon à minimiser l'écart entre la sortie désirée et la sortie effective du réseau. L'algorithme de retropropagation du gradient de l'erreur est l'algorithme d'apprentissage qui est le plus utilisé par les réseaux multicouches (Werbos, 1990; Widrow et Lehr, 1990; Freeman et Skapura, 1991).

Historiquement, les concepts des réseaux de neurones sont très diversifiés. En 1943, Mc cullosh et Pitts (1943) ont étudié un ensemble de neurones formels interconnectés et ont montré leurs capacités à calculer certaines fonctions logiques. En 1949, Hebb (1949), dans une perspective psychophysiologique, souligna l'importance du couplage synaptique dans les processus d'apprentissage. A notre connaissance, c'est en 1958 que Rosenblatt (1958) a décrit le premier modèle opérationnel de réseaux de neurones, mettant en œuvre les idées de Hebb, de Mc cullosh et de Pitts. En 1960, Widrow a développé le modèle Adaline (Adaptive Linear Element). Ce modèle possède une structure similaire à celle du perceptron, mais il diffère par sa loi d'apprentissage, qui est à l'origine de l'algorithme de rétropropagation du gradient.

Dans la suite, on présentera quelques notions sur le cerveau humain et les réseaux de neurones biologiques, tout en s'intéressant plus particulièrement aux aspects de traitement de l'information.

1.2.1. Neurone biologique

Les cellules nerveuses, appelées neurones, sont les éléments de base du système nerveux central. Le cerveau humain contient environ 10^{10} à 10^{11} neurones (Touzet, 1992). On représente Figure 1.1 le schéma de principe d'un neurone biologique.

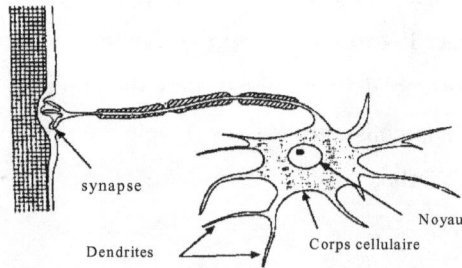

Figure 1.1. *Schéma de principe d'un neurone biologique.*

Les neurones possèdent de nombreux points communs dans leur organisation générale et leur système biochimique avec les autres cellules. Cependant, ils présentent des caractéristiques qui leur sont propres et se retrouvent au niveau de ces fonctions spécialisées qu'ils assurent :

- recevoir des signaux en provenance de neurones voisins;
- intégrer ces signaux;
- engendrer un influx nerveux;
- transmettre ce flux nerveux à un autre neurone capable de le recevoir.

Le neurone comprend un corps cellulaire, dont les dimensions varient de 20 à 100 μm (Touzet, 1992). Ce corps cellulaire effectue les transformations biochimiques nécessaires, à la synthèse des enzymes et des autres molécules qui assurent la vie du neurone. Le corps cellulaire possède, d'une part des ramifications courtes qui sont les dendrites (principaux récepteurs du neurone pour capter les signaux et les acheminer vers le corps du neurone) et d'autre part, un axone qui transporte l'information traitée par le neurone pour la transmettre aux autres neurones. La longueur de cet axone varie d'un millimètre à plus d'un mètre (Touzet, 1992; Davalo et Naïm, 1989).

Les neurones sont connectés les uns aux autres suivant des répartitions spatiales complexes. Les connexions entre deux neurones se font en des endroits appelés synapses, où ils sont séparés par un petit espace synaptique de l'ordre d'un centième de micron (Davalo et Naïm, 1989).

1.2.2. Neurone formel

La première modélisation d'un neurone formel date des années quarante. Elle a été présentée par Mac Culloch et Pitts (1943), en s'inspirant de leurs travaux sur les neurones biologiques. Un neurone formel, qui représente la brique de base des réseaux de neurones artificiels, fait une somme pondérée des potentiels d'actions qui lui parviennent (chacun de ces potentiels est une valeur numérique qui représente l'état du neurone qui l'a émis), puis s'active suivant la valeur de cette sommation pondérée. Si cette somme dépasse un certain seuil, le neurone est activé et transmet une réponse (sous forme de potentiel d'action) dont la valeur est celle de son activation. Si le neurone n'est pas activé, il ne transmet rien.

La Figure 1.2 présente le schéma de principe d'un neurone formel.

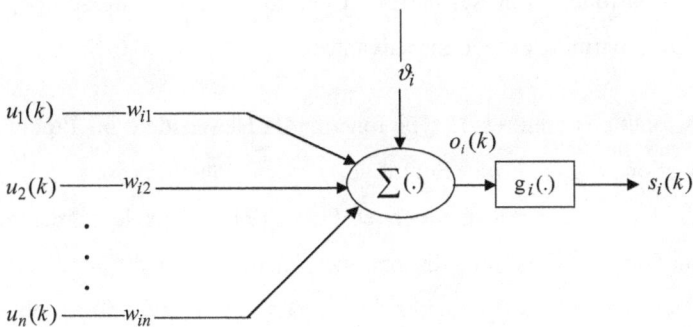

Figure 1.2. *Schéma de principe d'un neurone formel.*

De façon plus générale, la sortie $s_i(k)$ d'un neurone formel i est reliée à ses entrées $u_j(k)$; $j = 1,...,n$ par :

$$s_i(k) = g_i(o_i(k)) \qquad (1.1)$$

avec :

$$o_i(k) = \sum_{j=1}^{n} w_{ij} u_j(k) + \vartheta_i \qquad (1.2)$$

où ϑ_i est un biais, $g_i(.)$ est une fonction d'activation (fonction de seuillage), $o_i(k)$ représente l'entrée totale et w_{ij} ; $j = 1,...,n$, sont les paramètres de pondération des connexions entre le neurone i et ses j entrées.

1.2.3. Fonction d'activation d'un neurone formel

Suivant le domaine d'application envisagé et l'architecture du réseau, la fonction d'activation, appelée encore fonction de seuillage ou fonction de sortie, peut prendre différentes formes (voir, e.g. Cybenko, 1989).

La forme des fonctions d'activation trouve son origine en neurobiologie, du fait que le neurone est un élément non linéaire qui prend perpétuellement des décisions en fonction de ses entrées. Cela prouve qu'on utilise une fonction d'activation parmi les fonctions suivantes :

- les fonctions binaires de type fonction de Heaviside (voir Figure 1.3) ou fonction Signe (voir Figure 1.4). Ces fonctions ont été utilisées initialement par Mc Culloch et Pitts (1943) dans le perceptron. Ces fonctions binaires sont discontinues, et donc non différentiables; elles offrent souvent des capacités d'apprentissage limitées aux problèmes de classification linéaires et à la simulation des fonctions booléennes élémentaires.

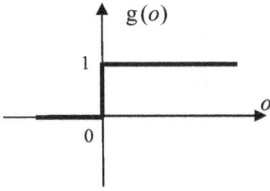

Figure 1.3. *Fonction de Heaviside.*

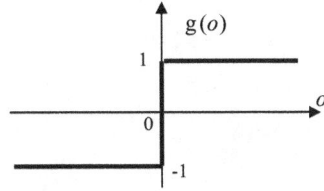

Figure 1.4. *Fonction de signe.*

- les fonctions purement linéaires ou avec saturation, telles que présentées Figures 1.5 et 1.6. Elles permettent d'accroître le domaine du signal de la sortie et évitent la prise d'une décision tranchée de type tout ou rien.

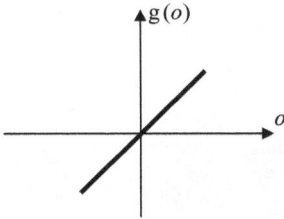

Figure 1.5. *Fonction linéaire.*

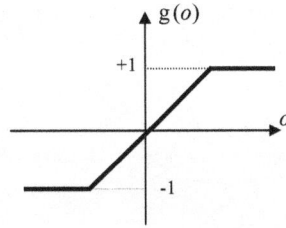

Figure 1.6. *Fonction linéaire avec seuil.*

- les fonctions sigmoïdes, qui sont présentées Figures 1.7 et 1.8, sont utilisées quand l'architecture du réseau impose, pour que l'apprentissage soit possible, une fonction d'activation différentiable. La fonction sigmoïde permet ainsi de satisfaire les exigences de certains algorithmes.

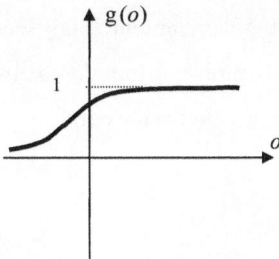

Figure 1.7. *Fonction* $g(o) = \dfrac{1}{1+e^{-o}}$

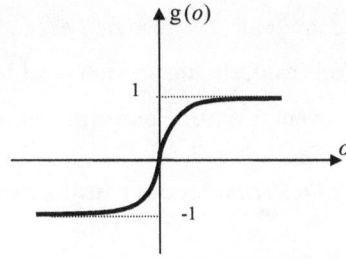

Figure 1.8. *Fonction* $g(o) = \dfrac{e^{-o}-1}{e^{-o}+1}$

15

- les fonctions de base radiales (voir Figure 1.9) sont proposées par Modey et Darken (1989). Les variances et les centres des gaussiennes sont choisis de manière à couvrir uniformément le domaine de l'entrée désiré.

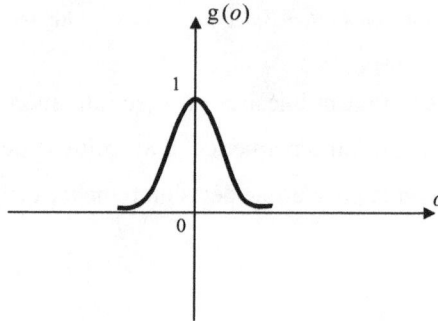

Figure 1.9. *Fonction de base radiale.*

1.2.4. Réseaux de neurones artificiels

Un réseau de neurones consiste en un ensemble de neurones reliés entre eux par des connexions pondérées. Il se caractérise principalement par le type des unités utilisées et par sa topologie. On distingue souvent deux types de neurones particuliers dans un réseau: les neurones d'entrées recevant les données du monde extérieur et les neurones de sortie fournissant le résultat du traitement effectué. Les autres unités sont généralement qualifiées de cachées. Cette distinction n'est toutefois pas obligatoire et tous les neurones peuvent très bien communiquer dans les deux sens avec l'extérieur.

Caractéristiques des réseaux de neurones

Pour caractériser un réseau de neurones, il est pratique d'utiliser son graphe. La notion de graphe est un concept très important en informatique. Elle constitue la représentation mathématique naturelle de tout ce que l'on a

16

coutume d'appeler "réseaux" (réseaux téléphoniques, réseaux informatiques, etc). L'idée principale de ces réseaux est de relier entre eux divers objets afin de les faire coopérer. Mathématiquement, on aura donc un ensemble d'objets et un ensemble de liens. Comme cet ensemble de liens ne fonctionne pas nécessairement dans les deux sens, on parlera de liens orientés ou de flèches (ou encore d'arcs).

Définition 1.1 : On appelle graphe orienté, un couple $\varsigma = (N, A)$ vérifiant les propriétés suivantes :

- l'ensemble des sommets (ou nœuds) N est fini,
- l'ensemble des arcs (ou connexions, ou encore flèches) A est un sous-ensemble de $N \times N$.

L'interprétation intuitive de cette définition est simple. Soit un couple (a, b), qui peut être un élément de A si et seulement s'il existe une connexion de a vers b (orientée dans ce sens). On dit alors que a est un prédécesseur de b et que b est un successeur de a.

Il est fréquent de différencier les réseaux suivant la présence ou non de cycles dans le graphe orienté des connexions entre les neurones (Orsier, 1995). On parle dans le cas positif de réseaux bouclés (Touzet, 1992), appelés encore réseaux récurrents. Les réseaux de neurones bouclés peuvent avoir une topologie de connexions quelconque, comprenant notamment des boucles qui ramènent aux entrées la valeur d'une ou plusieurs sorties (voir Figure 1.10).

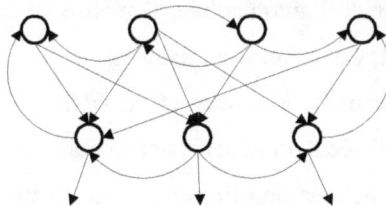

Figure 1.10. *Réseau de neurones Bouclé.*

Pour qu'un tel système soit causal, il faut évidemment qu'à toute boucle soit associé un retard. Un réseau de neurones bouclé est donc un système dynamique, régi par des équations différentielles. Il est à noter que les connexions cycliques, dont les valeurs dépendent des activations passées des unités du réseau, permettent de mieux traiter des problèmes comportant un aspect temporel.

Les réseaux de neurones bouclés peuvent être fortement connectés (Touzet, 1992), c'est-à-dire que chaque neurone du réseau est connecté à tous les autres neurones du réseau (voir Figure 1.11).

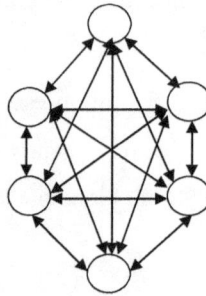

Figure 1.11. *Réseau de neurones bouclé fortement connecté.*

Cependant, l'apprentissage est généralement assez complexe dans ces réseaux, et leurs propriétés sont souvent moins bien connues que celles des réseaux non bouclés. Un réseau de neurone est non bouclé (appelé encore statique) si son graphe ne possède pas de cycles. Dans le contexte du traitement du signal et de l'automatique, il réalise un filtre transverse non linéaire à temps discret. Cette forme a l'avantage de faire apparaître à chaque instant les entrées effectives du réseau et de faciliter l'apprentissage. Une architecture, très utilisée principalement pour effectuer des tâches d'approximation des fonctions non linéaires et de classification, est celle du réseau multicouche (Touzet, 92). En effet, les neurones sont arrangés par couches (voir Figure 1.12) et l'information entre dans le réseau, traverse toutes les couches et produit un résultat à sa sortie.

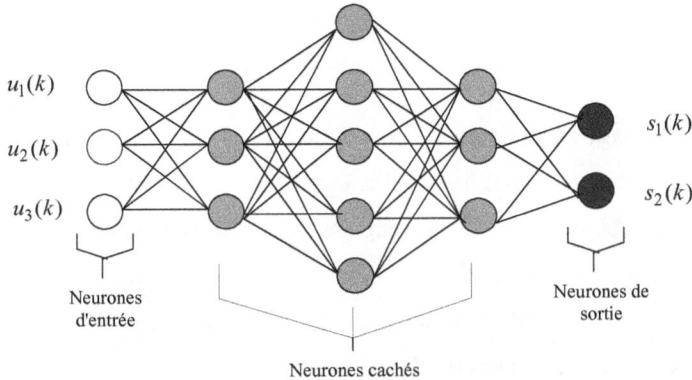

Figure 1.12. *Réseau de neurones à couches.*

Les deux couches extrêmes sont appelées couche d'entrée (elle reçoit ses entrées du milieu extérieur) et couche de sortie (elle fournit le résultat des traitements effectués). Les couches intermédiaires sont appelées couches cachées ; leur nombre est variable, de même que le nombre de neurones peut varier d'une couche à l'autre. Les fonctions d'activations peuvent être différentes d'une couche à l'autre. Chaque neurone d'une couche est connecté à tous les neurones de la couche suivante.

1.3. Apprentissage des réseaux de neurones

Afin d'améliorer les capacités de traitement d'un réseau de neurones, il faut modifier les valeurs de ses connexions. On distingue deux grandes classes d'algorithmes d'apprentissage :

- apprentissage supervisé, pour lequel il est nécessaire de disposer d'un ensemble de couples de données (entrées du réseau; sorties désirées correspondantes), appelées exemples ou patrons. La différence entre la sortie du réseau et la sortie désirée donne ainsi une mesure d'erreur qualitative sur le calcul effectué par le réseau, qui est utilisée pour réaliser l'adaptation. L'algorithme d'apprentissage le plus utilisé est celui de rétropropagation du gradient (voir, e.g. Widrow et Lehr, 1990; Werbos, 1990; Karayiannis et Venetsanopoulos, 1992);

- apprentissage non supervisé, pour lequel il n'y a pas de réponse désirée (Freeman et Skapura, 1991). La tache du réseau permet, par exemple dans ce cas, de créer des regroupements de données selon les propriétés communes (catégorisation). D'autres méthodes intermédiaires, dont l'apprentissage par renforcement appelé encore semi-supervisé (pour lequel seule une mesure d'erreur, qualitative échec ou réussite, est disponible), ont été aussi étudiées (Freeman et Skapura, 1991).

1.3.1. Algorithme de rétropropagation du gradient

On présente ici l'algorithme de rétropropagation du gradient, qui est le plus connu pour réaliser l'adaptation des réseaux multicouches. C'est à sa découverte que l'on doit l'intérêt pour les réseaux de neurones artificiels apparus au début des années 80. Il s'agit d'une méthode d'apprentissage supervisé, fondée sur la modification des poids du réseau dans le sens contraire à celui du gradient de l'erreur par rapport à ces poids. L'algorithme de rétropropagation s'applique à une structure de réseau bien particulière, qui sont les réseaux multicouches unidirectionnels connus encore sous le nom "Multi-Layer Perceptron" (MLP). Ce type de réseau est basé sur une représentation simpliste des neurones biologiques sous la forme d'une fonction de plusieurs variables. Le neurone élémentaire utilisé par un MLP est issu du modèle de McCulloch et Pitts (1943) (voir Figure 1.2).

Notons par w_{ij} *le* coefficient synaptique (élément de $\Re$) de la liaison du neurone j vers le neurone i, et par s_j la sortie du neurone j. Le neurone i

reçoit alors la somme $\sum_{j \in L(i)} w_{ij} s_j$ comme entrée, où $L(i)$ désigne l'ensemble de neurones qui transmettent des informations au neurone i. Pour déterminer l'activité du neurone i à partir de ses entrées, on ajoute à cette somme un seuil de déclenchement ϑ_i qui est un paramètre optionnel appelé biais. Puis, on applique au résultat une fonction d'activation. Dans la pratique, la fonction d'activation utilisée peut être n'importe quelle fonction croissante et dérivable. On utilise souvent une fonction sigmoïde, telle que donnée Figure (1.7). L'activé du neurone i prend alors, pour valeur la somme pondérée de ses entrées :

$$o_i = \sum_{j \in L(i)} w_{ij} s_j + \vartheta_i \qquad (1.3)$$

L'algorithme de rétropropagation est basé sur la minimisation du critère J suivant, qui porte sur l'erreur quadratique:

$$J = \frac{1}{2} \sum_i [s_i - y_i]^2 \qquad (1.4)$$

où i parcourt les indices des neurones de sortie, s_i et y_i représentent respectivement la sortie mesurée et la sortie désirée pour ces neurones. Les poids du réseau sont modifiés à partir de :

$$\Delta W_{ij} = -\eta \frac{\partial J}{\partial W_{ij}} \qquad (1.5)$$

où η est une constante positive, appelée pas du gradient.

Le calcul de la quantité $\dfrac{\partial J}{\partial W_{ij}}$ se fait en partant de la couche de sortie vers la couche d'entrée. Cette propagation, qui se fait suivant le sens inverse de celui de l'activation des neurones du réseau, justifie le nom de l'algorithme.
On peut écrire:

$$\frac{\partial J}{\partial W_{ij}} = \frac{\partial J}{\partial s_i} \frac{\partial s_i}{\partial o_i} \frac{\partial o_i}{\partial W_{ij}} \qquad (1.6)$$

En posant, on obtient:

$$\frac{\partial J}{\partial W_{ij}} = \delta_i \frac{\partial o_i}{\partial W_{ij}} \qquad (1.7)$$

Sachant que $\frac{\partial o_i}{\partial W_{ij}} = s_j$, on peut écrire :

$$\Delta W_{ij} = -\eta \delta_i s_j \qquad (1.8)$$

La quantité δ_i est appelée contribution à l'erreur du neurone i. Dans le cas où i est l'indice d'un neurone de sortie, on obtient:

$$\frac{\partial J}{\partial s_i} = (s_i - y_i) \qquad (1.9)$$

et

$$\frac{\partial s_i}{\partial o_i} = \dot{g}(o_i) \qquad (1.10)$$

où $\dot{g}(.)$ désigne la dérivée de la fonction g(.).

Soit donc:

$$\delta_i = \dot{g}(o_i)(s_i - y_i) \qquad (1.11)$$

Dans le cas où i est l'indice d'un neurone caché, on pose:

$$\frac{\partial J}{\partial s_i} = \sum_j \frac{\partial J}{\partial s_j} \frac{\partial s_j}{\partial s_i} \qquad (1.12)$$

où j parcourt les indices de tous les neurones vers lesquels le neurone i envoie une connexion.

On peut avoir :

$$\frac{\partial J}{\partial s_j}\frac{\partial s_j}{\partial s_i} = \frac{\partial J}{\partial s_j}\frac{\partial s_j}{\partial o_j}\frac{\partial o_j}{\partial s_i} = \delta_j \frac{\partial o_j}{\partial s_i} = \delta_j W_{ji} \qquad (1.13)$$

on obtient donc:

$$\frac{\partial J}{\partial s_i} = \sum_j \delta_j W_{ji} \qquad (1.14)$$

$$\delta_i = \dot{g}(o_i)\sum_j \delta_j W_{ji} \qquad (1.15)$$

On utilise souvent une version légèrement différente de l'équation (1.5) pour calculer la quantité dont doivent être modifiés les poids:

$$\Delta W_{ij}(k) = -\eta \frac{\partial J}{\partial W_{ij}} + \mu \Delta W_{ij}(k-1) \qquad (1.16)$$

où μ est une constante appelée momentum. Cette version introduit un deuxième terme proportionnel à la dernière adaptation de W_{ij}. Les modifications des poids peuvent intervenir après chaque présentation d'un patron, ou après la présentation de l'ensemble de la base d'exemples. L'apprentissage nécessite dans tous les cas un grand nombre de patrons pour obtenir un résultat satisfaisant. L'apprentissage d'un réseau de neurones est ainsi défini comme un problème d'optimisation, qui consiste à trouver les coefficients du réseau minimisant un critère quadratique portant sur l'écart entre la sortie du réseau et celle mesurée (voir Figure 1.13).

Il a été démontré que, moyennant le choix d'une architecture appropriée (i.e. nombre de neurones cachés), les réseaux multicouches sont capables d'approcher n'importe quelle fonction (voir, e.g. Hornik, 1989; Chen et al., 1990; Chen et Billings, 1992). On parle alors d'approximateurs universels de fonctions.

23

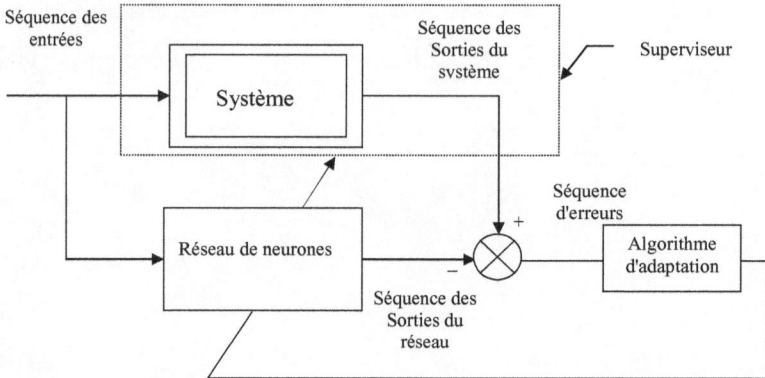

Figure 1.13. *Système d'apprentissage supervisé d'un réseau de neurones.*

Une propriété fondamentale de l'apprentissage réalisé concerne les capacités de généralisation de ces réseaux. Dans le cas où l'architecture initiale est correctement choisie, on constate généralement que les exemples ne sont pas appris "par cœur" mais que le réseau est capable d'étendre les connaissances acquises à des exemples proches ou intermédiaires.

Cependant, un certain nombre de problèmes est lié à l'utilisation de ce type de réseaux (et de manière plus générale de la majeure partie des réseaux de neurones artificiels). On peut remarquer notamment la lenteur de l'apprentissage, et surtout l'absence de résultats théoriques garantissant sa convergence. On constate souvent des problèmes liés au blocage de l'apprentissage dans des minima locaux de la fonction d'erreur. Ce point, qui est souvent cité comme l'inconvénient principal des réseaux multicouches, doit cependant être tempéré par l'existence de nombreuses approches permettant d'éviter de tels minima (Gori et Tesi, 1992).

Il est également difficile, une fois que la phase d'apprentissage terminée, de faire acquérir au réseau des connaissances supplémentaires sans repartir de zéro et sans réutiliser l'ensemble de la base d'exemples. L'utilisation d'un petit nombre d'exemples, cantonnés dans une partie seulement de l'espace d'entrée, conduit souvent à une trop grande spécialisation et à l'oubli des connaissances préalables. On parle dans ce cas d'apprentissage catastrophique.

1.3.2. Apprentissage des réseaux de neurones RBF

On présente ici un deuxième modèle de réseau: le réseau à fonctions de base radiales (RBF) où plus simplement réseau à bases radiales proposé par Moody et Darken (1989). On retrouve comme dans le modèle précédent le "multi-layer perceptron" (MLP), une organisation comportant une couche d'entrée, une couche cachée et une couche de sortie (voir Figure 1.14).

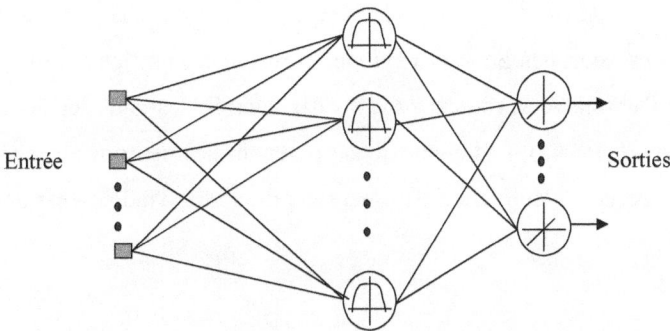

Figure 1.14. *Réseau de neurones à fonctions de base radiales (RBF).*

La principale différence vient du fait que chaque neurone caché ne réagit ici qu'à une petite partie de l'espace d'entrée (sa zone d'influence). Pour un réseau comportant n entrées et m unités cachées, l'activation des neurones cachés est donnée par une fonction de type gaussienne (les fonctions d'entrée et d'activation sont confondues):

$$s_i = \exp(-\frac{1}{2}\sum_{l=1}^{n}\frac{(u_l - c_{l,i})^2}{\sigma_{l,i}^2}) = \prod_{l=1}^{n}\exp(-\frac{1}{2}\frac{(u_l - c_{l,i})^2}{\sigma_{l,i}^2}) \qquad (1.17)$$

où i désigne l'indice du neurone, l parcourt l'ensemble des entrées u_l et $c_{l,i}$, $\sigma_{l,i}^2$ sont appelés respectivement les centres et les variances des gaussiennes.

La Figure 1.15 présente la forme de cette fonction d'activation pour un neurone possédant une seule entrée.

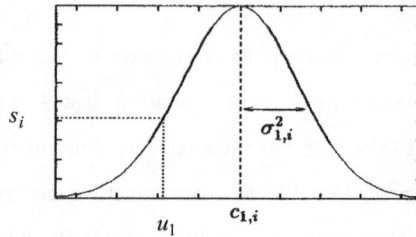

Figure 1.15. *Fonction d'activation d'un neurone caché possédant une seule*

Chacun de ces neurones ne s'active donc de manière significative que pour des valeurs d'entrée relativement proches des centres des gaussiennes (voir, e.g. Yaïch *et al.* 1998a). Les connexions provenant des neurones d'entrée ne sont pas pondérées. L'activation d'un neurone de sortie d'indice i est donnée par:

$$s_i = \frac{\sum_{j=1}^{m} w_{ij} s_j}{\sum_{j=1}^{m} s_j} \tag{1.18}$$

où j parcourt l'ensemble des indices des neurones cachés. Les neurones de ce type réalisent donc une somme pondérée des valeurs d'activation des neurones cachés.

Le terme $\sum_{j=1}^{m} s_j$ est appelé facteur de normalisation. On parle de réseau normalisé lorsque ce terme est employé. L'apprentissage se fait dans ces réseaux par modification des poids des connexions entre les neurones cachés et les neurones de sortie, ainsi que les centres et les variances des

26

gaussiennes. On réalise comme précédemment une descente de gradient ayant pour but de minimiser l'erreur quadratique, dont l'expression est donnée par l'équation (1.4). Les modifications des différents paramètres sont données par les expressions suivantes:

$$\Delta W_{ij} = -\eta \frac{\partial J}{\partial W_{ij}} \tag{1.19}$$

$$\Delta c_{i,l} = -\eta \frac{\partial J}{\partial c_{i,l}} \tag{1.20}$$

et

$$\Delta \sigma_{i,l} = -\eta \frac{\partial J}{\partial \sigma_{i,l}} \tag{1.21}$$

Il est également possible, comme dans le cas de l'équation (1.16), d'introduire un terme proportionnel à la dernière modification de ces paramètres.

En posant $R = \sum_{j=1}^{m} s_j$, on obtient:

$$\frac{\partial J}{\partial W_{ij}} = \frac{\partial J}{\partial s_i} \frac{\partial s_i}{\partial W_{ij}} = (s_i - y_i)\frac{s_j}{R} \tag{1.22}$$

où i est l'indice d'un neurone de sortie et j est l'indice d'un neurone caché.

Soit:

$$\frac{\partial J}{\partial c_{j,l}} = \frac{\partial J}{\partial s_j} \frac{\partial s_j}{\partial c_{j,l}} \tag{1.23}$$

et

$$\frac{\partial J}{\partial \sigma_{j,l}} = \frac{\partial J}{\partial s_j} \frac{\partial s_j}{\partial \sigma_{j,l}} \tag{1.24}$$

d'où

27

$$\frac{\partial J}{\partial s_j} = \sum_i \frac{\partial J}{\partial s_i} \frac{\partial s_i}{\partial s_j} \qquad\qquad (1.25)$$

ou de manière développée

$$\frac{\partial J}{\partial s_j} = \sum_i (s_i - y_i) \frac{w_{ij} R - \sum_l w_{il} s_l}{R^2} \qquad\qquad (1.26)$$

$$\frac{\partial s_j}{\partial c_{j,l}} = s_j \frac{u_l - c_{j,l}}{\sigma_{j,l}^2} \qquad\qquad (1.27)$$

et

$$\frac{\partial s_j}{\partial \sigma_{j,l}} = s_j \frac{(u_l - c_{j,l})^2}{\sigma_{j,l}^3} \qquad\qquad (1.28)$$

Il est fréquent de n'utiliser qu'un apprentissage sur les poids W_{ij} des connexions entre la couche cachée et la couche de sortie. Soulignons que la sortie du réseau est linéaire par rapport à ces paramètres, ce qui diminue le risque de blocage dans un minimum local de la fonction d'erreur lors de l'apprentissage. Les variances et les centres des gaussiennes sont, dans ce cas, choisis de manière à couvrir uniformément le domaine d'entrée désiré.

Tout comme dans le cas des réseaux multicouches, il a été démontré que les réseaux à bases radiales sont des approximateurs universels de fonctions (Sorsa *et al.* 1993). Les deux modèles possèdent cependant des propriétés différentes.

Le calcul de l'activation d'un réseau de type RBF ne fait intervenir qu'un petit nombre de neurones, dont la zone d'influence comprend les données d'entrée. Le traitement de l'information n'est plus distribué entre l'ensemble des unités comme dans les réseaux multicouches. La modification d'un paramètre du réseau n'a qu'une influence locale. Elle n'affecte que le traitement d'une partie du domaine d'entrée. L'apprentissage de nouveaux exemples après la phase initiale d'adaptation présente donc moins de risque de dégrader les performances globales du réseau. On parle de généralisation locale pour décrire cette propriété.

Ce modèle présente cependant un inconvénient par rapport aux réseaux multicouches puisque contrairement à ceux-ci, son domaine d'approximation (i.e., domaine dans lequel il réalise une approximation satisfaisante) est strictement borné. Ce dernier se limite, en effet, aux zones d'influence des neurones cachés, en dehors desquelles le réseau est incapable d'extrapoler.

Lorsque la dimension ou la taille du domaine d'entrée est trop importante, le nombre de neurones nécessaires peut devenir considérable, et l'emploi des réseaux multicouches peut être plus approprié.

1.4. Identification des SNL par réseaux de neurones

Cette partie est consacrée à l'utilisation des réseaux de neurones pour l'identification des systèmes dynamiques non-linéaires. La plupart des résultats connus en identification linéaire conventionnelle s'étendent directement à l'identification par réseaux de neurones. L'identification d'un système consiste à représenter son comportement dynamique à l'aide d'un modèle mathématique paramétré. Ce modèle est très souvent une simplification des relations qui existent entre les différentes variables du système. Il doit représenter fidèlement le fonctionnement du système étudié, et il peut être utilisé pour l'apprentissage d'un correcteur ou comme simulateur du processus.

L'approche itérative adoptée, dans ce chapitre, est donc en concordance avec les approches de l'identification des systèmes linéaires (voir, e.g. Ljung, 1987; Söderström et Stoica, 1989).

Cette approche est basée sur:

- l'expérience, qui consiste à rassembler les connaissances dont on dispose sur le comportement dynamique du processus, en particulier à collecter un jeu de données représentatif du fonctionnement du système;

- l'identification structurelle, qui consiste à déterminer un ensemble de modèles candidats. Le problème de la sélection d'une structure d'un modèle est double parce qu'il faut d'une part, sélectionner une famille de structures de modèles appropriée pour la description du système étudié (structures de modèles linéaires, réseaux de neurones multicouches, etc.). D'autre part, sélectionner un sous-ensemble de la famille choisie. Dans la famille des structures linéaires, cela peut être, par exemple, une structure ARX;

- l'estimation des paramètres du modèle, qui consiste à déterminer les valeurs numériques des coefficients de la structure choisie à partir d'algorithmes d'identification et des données provenant du processus à étudier. L'estimation des paramètres du modèle est effectuée en minimisant une fonction coût définie à partir de l'écart entre les sorties mesurées du processus et les valeurs prédites par le modèle. La qualité de cette estimation dépend du modèle choisi, de la richesse des séquences d'apprentissage et de l'efficacité de l'algorithme utilisé;

- la validation du modèle, qui consiste à tester si le modèle répond bien aux exigences demandées. Le modèle obtenu n'est valable en toute rigueur que pour l'expérience réalisée; il faut donc vérifier qu'il est compatible avec l'utilisation que l'on en fera. Si le résultat des tests de validation n'est pas satisfaisant, il est nécessaire de reprendre toute ou une partie de la démarche d'identification. Plusieurs retours en arrière peuvent être envisagés.

R1. Retour à l'estimation des paramètres du modèle, si la technique utilisée n'est pas adaptée.

R2. Retour à la sélection de structures de modèles, si la classe de modèles n'est pas appropriée. Une structure de modèle initiale suffisamment large décrit le comportement du système. Cette structure est alors réduite graduellement jusqu'à atteindre la forme optimale.

R3. Retour à l'expérience, si le jeu de données n'est pas suffisamment représentatif du système à étudier. Dans ce cas, il sera nécessaire de refaire l'expérience afin d'acquérir plus d'informations à propos des régimes manquants.

1.4.1. Expérience

L'idée est de faire varier l'entrée u du système et observer l'impact sur sa sortie y (voir Figure 1.16).

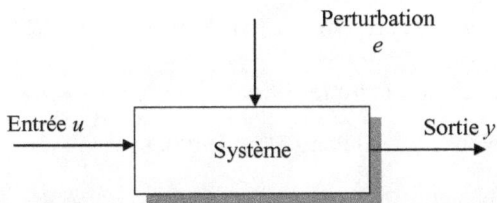

Figure 1.16. *Collecte des données.*

Le problème qui se pose est la manière de choisir les séquences d'apprentissage. La détermination des contraintes sur l'entrée u peut être choisie parmi les réponses. Ces contraintes peuvent porter sur l'amplitude et le type de signaux de commande que le processus est susceptible de recevoir pendant son fonctionnement. Les amplitudes maximales sont, en général, faciles à déterminer, car leur ordre de grandeur correspond aux valeurs de saturation des actionneurs, qui peuvent être estimées physiquement (puissance maximale que peut recevoir une machine, tension et intensité maximales d'alimentation, etc.). En ce qui concerne les signaux à utiliser, ils doivent être de même nature que ceux qui seront calculés par l'organe de commande pendant l'utilisation du processus.

Une démarche, couramment utilisée, consiste à explorer le mieux possible le domaine de fonctionnement, par exemple avec des créneaux de commande (riche en fréquence), d'amplitudes et de durées diverses (voir, e.g. Rivals, 1995; Norgaard, 1996).

1.4.2. Sélection de la structure de modèles

Le problème d'identification d'un système peut être posé comme suit: à partir de la connaissance des séquences de l'entrée $u(k)$ et de la sortie $y(k)$ d'un système, qui sont données respectivement par:

$$\{u(k)\}=\{u_1(k),u_2(k),...,u_N(k)\} \text{ et } \{y(k)\}=\{y_1(k),y_2(k),...,y_N(k)\},$$

on cherche une relation entre les observations passées $u(k-1)$ et $y(k-1)$, et la sortie $y(k)$ (voir, e.g.., Sjöberg *et al.* 1995), soit:

$$y(k) = f(u(k-1), y(k-1)) + e(k) \tag{1.29}$$

où $e(k)$ est une perturbation qui agit sur la sortie $y(k)$.

L'équation (1.29) décrit d'une façon générale les systèmes dynamiques discrets. Le plus souvent, la fonction **f** est recherchée parmi une famille de fonctions de la forme :

$$f(u(k-1), y(k-1)) = f(\varphi(k), \theta) \tag{1.30}$$

où θ est un vecteur de paramètres de dimension finie et $\varphi(k)$ un vecteur de régression permettant de sélectionner les observations passées utiles à la description du modèle. Le choix de la forme non-linéaire (1.30) est décomposé en deux sous-problèmes : comment choisir le vecteur de régression $\varphi(k)$? et comment choisir la forme de la fonction non-linéaire **f** (Sjöberg *et al.* 1995) ? L'analogie avec les cas linéaires fournit toute une série de structures associées au choix des régresseurs. Les structures linéaires "boite noire" utilisées en pratique peuvent être décrites en utilisant le modèle général (Ljung, 1987) suivant:

$$A(q^{-1})y(k) = \frac{B(q^{-1})}{F(q^{-1})}u(k) + \frac{C(q^{-1})}{D(q^{-1})}e(k) \qquad (1.31)$$

où q^{-1} est l'opérateur retard et $A(q^{-1}), B(q^{-1}), C(q^{-1}), D(q^{-1})$ et $F(q^{-1})$ sont des polynômes donnés respectivement par:

$$A(q^{-1}) = 1 + a_1 q^{-1} + a_2 q^{-2} + ... + a_{n_A} q^{-n_A} \qquad (1.32)$$

$$B(q^{-1}) = b_1 q^{-1} + b_2 q^{-2} + ... + b_{n_B} q^{-n_B} \qquad (1.33)$$

$$C(q^{-1}) = 1 + c_1 q^{-1} + c_2 q^{-2} + ... + c_{n_C} q^{-n_C} \qquad (1.34)$$

$$D(q^{-1}) = 1 + d_1 q^{-1} + d_2 q^{-2} + ... + d_{n_D} q^{-n_D} \qquad (1.35)$$

$$F(q^{-1}) = 1 + f_1 q^{-1} + f_2 q^{-2} + ... + f_{n_F} q^{-n_F} \qquad (1.36)$$

Les cas spéciaux du modèle (1.31) sont connus sous les noms:

- Box-Jenkins (BJ) : $A(q^{-1}) = 1$,
- ARMAX : $F(q^{-1}) = D(q^{-1}) = 1$,
- Output-Error (OE) : $A(q^{-1}) = C(q^{-1}) = D(q^{-1}) = 1$,
- ARX : $F(q^{-1}) = C(q^{-1}) = D(q^{-1}) = 1$,
- Réponse impulsionnelle finie (FIR) quand :
  $A(q^{-1}) = C(q^{-1}) = D(q^{-1}) = F(q^{-1}) = 1$

Dans les cas non-linéaires utilisant les réseaux de neurones, on note $\varphi(k)$ le vecteur de régression, θ le vecteur contenant les poids inconnus des connexions du réseau et f_{NN} la fonction réalisée par le réseau de neurones.

Plusieurs modèles hypothèses non-linéaires de types NNARX (Neural Network AutoRegressive model structure with eXogenous inputs), NNARMAX (Neural Network AutoRegressive Moving Avarage model structure with eXogenous inputs) et NNOE (Neural Network Output Error model) ont été présentés dans Chen *et al.* (1990), Chen et Billings (1992) et Nerrand *et al.* (1994), en s'inspirant des modèles linéaires.

Modèle hypothèse NNARX

Le modèle hypothèse NNARX est le modèle non-linéaire le plus simple. Dans le cas linéaire ARX, ce modèle est appelé "équation error" (Ljung, 1987). Il s'écrit:

$$y(k) = f\big(y(k-1),..., y(k-n), u(k-1),..., u(k-m)\big) + e(k) \tag{1.37}$$

avec $\{e(k)\}$ une séquence de variables aléatoires indépendantes à valeur moyenne nulle et variance finie.

Les modèles NNARX conduisent donc à des prédicteurs neuronals non bouclés. Le système d'apprentissage doit donc utiliser un réseau de neurones prédicteur de la forme:

$$\hat{y}(k) = f_{NN}\big(\varphi(k),\ \hat{\theta}(k-1)\big) \tag{1.38}$$

où $\hat{y}(k)$ est le prédicteur de la sortie $y(k)$ et $\hat{\theta}(k-1)$ est l'estimé du vecteur de paramètres θ. Un tel prédicteur peut être réalisé à l'aide d'un réseau de neurones multicouche de la Figure 1.17. Le vecteur de régression $\varphi(k)$ est donné par:

$$\varphi^{\mathrm{T}}(k) = \big[y(k-1)...y(k-n)\ u(k-1)...u(k-m)\big] \tag{1.39}$$

où le symbole T désigne la transposée.

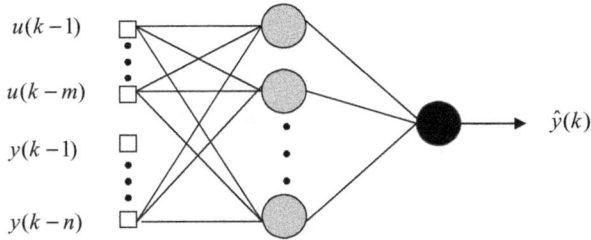

Figure 1.17. *Réalisation d'un prédicteur NNARX à l'aide d'un réseau non bouclé.*

Le système d'apprentissage utilisant ce réseau est représenté Figure 1.18. Le prédicteur est dit "dirigé" par le système, car l'état de celui-ci est imposé à ses entrées externes à chaque instant de la fenêtre d'apprentissage. Les entrées externes sont indépendantes des coefficients du réseau.

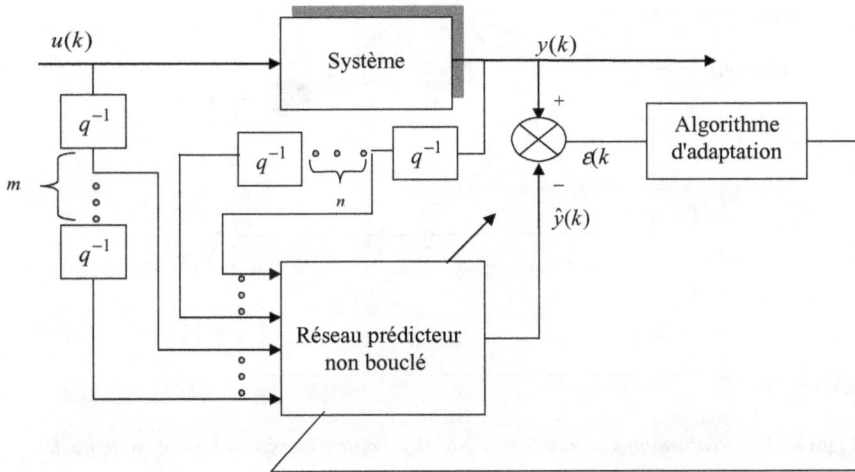

Figure 1.18. *Système d'apprentissage d'un modèle NNARX utilisant un prédicteur non bouclé.*

Modèle hypothèse NNOE

Le modèle hypothèse NNOE décrit un système affecté d'un bruit de mesure additif. Il s'écrit de la manière suivante:

$$\begin{cases} x(k) = f\big(x(k-1),...,x(k-n),\ u(k-1),...,u(k-m)\big) \\ y(k) = x(k) + e(k) \end{cases} \qquad (1.40)$$

Le prédicteur neuronal *a priori* s'écrit sous la forme suivante:

$$\hat{y}(k) = f_{NN}(\varphi(k), \hat{\theta}(k-1)) \qquad (1.41)$$

Le vecteur de régression $\varphi(k)$ est donné par:

$$\varphi^{T}(k) = [\hat{y}(k-1)...\hat{y}(k-n)\ u(k-1)..u(k-m)] \qquad (1.42)$$

L'identification d'un prédicteur NNOE impose l'utilisation d'un réseau de neurones bouclé. En effet, $\hat{y}(k) = f_{NN}\big(\varphi(k),\ \hat{\theta}(k-1)\big)$ désigne un réseau prédicteur bouclé. Un tel prédicteur peut être réalisé à l'aide d'un réseau de neurones multicouche de la Figure 1.19.

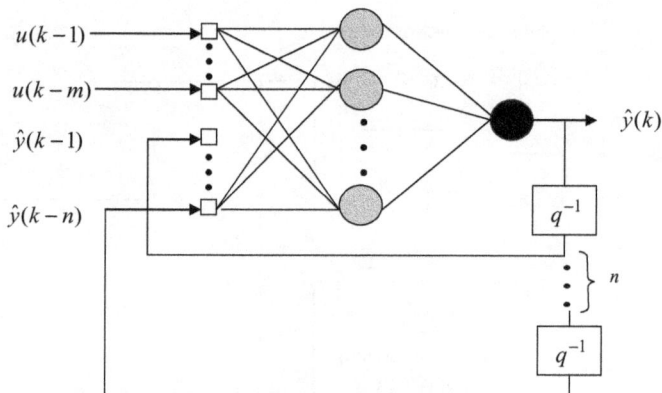

Figure 1.19. *Réalisation d'un prédicteur NNOE à l'aide d'un réseau bouclé multicouche.*

Le système d'apprentissage utilisant ce réseau est représenté Figure 1.20. Le prédicteur est dit "semi-dirigé" par le processus, car les valeurs de ses entrées dépendent des coefficients du réseau sauf pour le premier exemple d'apprentissage qui doit être fixé par le concepteur. Le choix le plus raisonnable consiste à appliquer les valeurs précédentes des sorties du système.

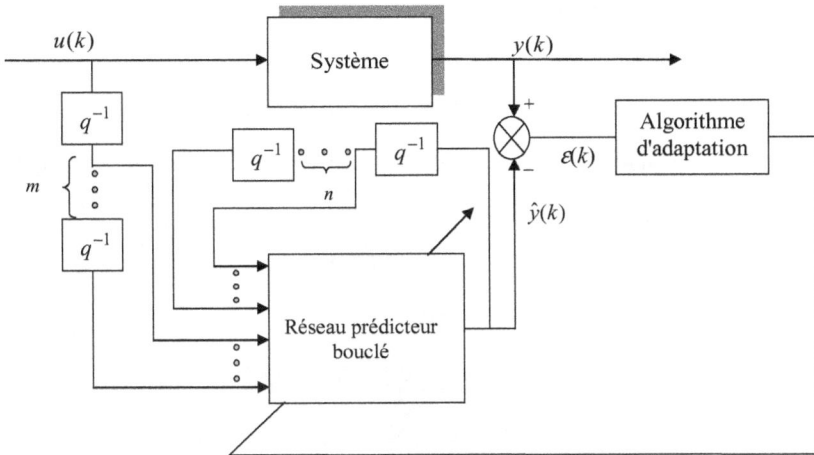

Figure 1.20. *Système d'apprentissage d'un modèle NNOE utilisant un prédicteur bouclé.*

Modèle hypothèse NNARMAX

Le modèle hypothèse NNARMAX est une extension du modèle linéaire ARMAX (voir, e.g., Chen et Billings, 1989; Chen *et al.*, 1990). Il est de la forme:

$$y(k) = f\big(y(k-1),...,y(k-n),\ u(k-1),...,u(k-m),e(k-1),...,e(k-n_e)\big) + e(k) \tag{1.43}$$

où n_e est la mémoire sur le bruit $e(k)$.

Le prédicteur neuronal associé s'écrit:

$$\hat{y}(k) = f_{NN}\big(y(k-1),...,y(k-n),\ u(k-1),...,u(k-m),\ \varepsilon(k-1),...,\varepsilon(k-n_e),\ \theta\big) \tag{1.44}$$

avec $\varepsilon(k) = y(k) - \hat{y}(k)$ l'erreur de prédiction. Le vecteur de régression est défini par:

$$\varphi^T(k) = \big[y(k-1)...y(k-n)\ u(k-1)..u(k-m)\ \varepsilon(k-1)...\varepsilon(k-n_e)\big] \tag{1.45}$$

37

L'identification d'un prédicteur NNARMAX impose l'utilisation d'un réseau de neurones bouclé.

En effet, $\hat{y}(k) = f_{NN}\left(\varphi(k),\ \hat{\theta}(k-1)\right)$ désigne un réseau prédicteur bouclé. Un tel prédicteur peut être réalisé à l'aide d'un réseau de neurones multicouche de la Figure 1.21.

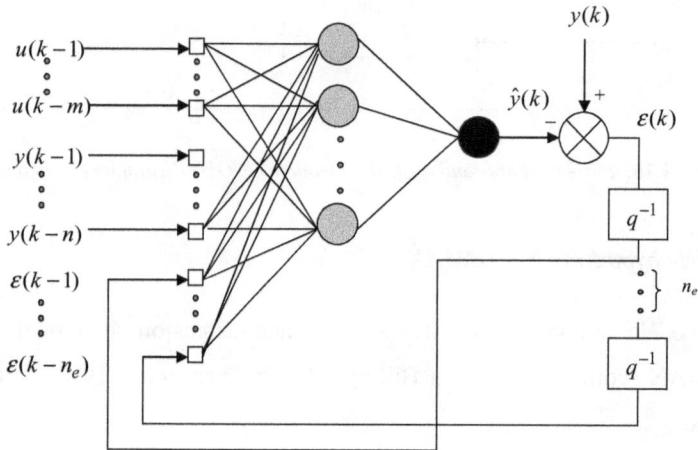

Figure 1.21. *Réalisation d'un prédicteur NNARMAX à l'aide d'un réseau bouclé.*

Les entrées du réseau de neurones sont les commandes, les sorties mesurées du processus et les erreurs de prédiction, qui, avec un choix convenable, on leur affecte initialement la valeur zéro.

Le système d'apprentissage utilisant ce prédicteur est représenté Figure 1.22.

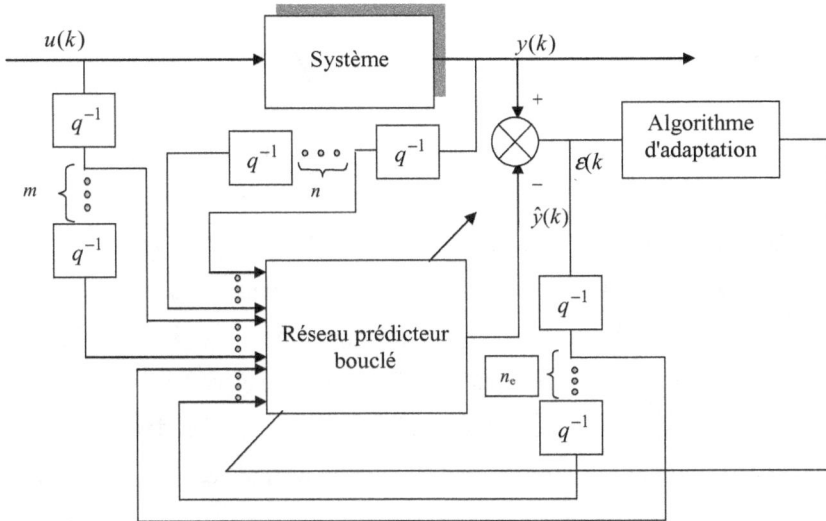

Figure 1.22. *Système d'apprentissage d'un modèle NNARMAX utilisant un prédicteur*
bouclé sur l'erreur de prédiction.

1.5. Architecture et mise en œuvre des réseaux de neurones

Pour réaliser l'approximation de la fonction de régression cherchée, à partir
d'échantillons généralement bruités, à l'aide d'un réseau de neurones, trois
étapes successives sont nécessaires:

E1. Il faut tout d'abord choisir l'architecture du réseau, c'est-à-dire le nombre
de neurones dans la couche d'entrée, le nombre de neurones dans la
couche de sortie, le nombre de neurones cachés et l'agencement des
neurones entre eux, de telle manière que le réseau soit en mesure de
reproduire ce qui est déterministe dans les données. En effet, le nombre
de connexions d'un réseau est fonction du nombre de couches cachées.
Par conséquent, en augmentant le nombre de couches cachées, on doit
accroître le nombre d'exemples à présenter au réseau afin de déterminer

correctement les paramètres de ce dernier. Intuitivement, un nombre élevé de couches cachées risque de réaliser un apprentissage par "cœur", c'est-à-dire, d'apprendre le bruit et de faire ainsi disparaître la capacité de généralisation du modèle (Hérault et Jutten, 1994), et risque également d'introduire des problèmes numériques lors de l'apprentissage. Les travaux de Funahashi (1989) et de Cybenko (1989) montrent que toute fonction continue peut être approximée par un réseau de neurones à trois couches utilisant une fonction d'activation sigmoïdale pour les neurones de la couche cachée et une fonction d'activation linéaire pour les neurones de la couche de sortie. Ces Travaux montrent qu'il existe toujours un réseau permettant d'approximer une fonction non-linéaire donnée, mais n'indiquent pas le choix du nombre de neurones à introduire dans la couche cachée. Le nombre de neurones composant la couche d'entrée est fonction des valeurs passées de l'entrée et de la sortie du système à prendre en compte dans le modèle.

E2. Il faut calculer les poids du réseau ou, en d'autres termes, estimer les paramètres de la régression non linéaire à partir des exemples, en minimisant l'erreur d'approximation sur les points de l'ensemble d'apprentissage, de telle manière que le réseau réalise la tâche désirée. Ce calcul des coefficients synoptiques constitue l'apprentissage supervisé pour le réseau de neurones. Les méthodes d'apprentissage sont très nombreuses et dépendent de plusieurs facteurs, notamment, le choix de la fonction d'erreur, l'initialisation de poids, les critères d'arrêt de l'apprentissage, etc.

E3. Il faut enfin estimer la qualité du réseau obtenu en lui présentant des exemples qui ne font pas partie de l'ensemble d'apprentissage. En effet, il est nécessaire de répartir les données disponibles en une séquence d'apprentissage et une séquence d'estimation de la performance, dite séquence de test. Une séquence de test, de même type (issue de la même population) que la séquence d'apprentissage, conduit à une estimation de la variance de l'erreur de prédiction (erreur quadratique moyenne de test, notée EQMT) meilleure que celle obtenue avec la séquence d'apprentissage (notée EQMA).

1.6. Algorithmes d'apprentissage

L'apprentissage d'un réseau de neurones est ainsi défini comme un problème d'optimisation, qui consiste à trouver les coefficients du réseau minimisant un critère quadratique qui porte sur l'écart entre la sortie du réseau et celle mesurée. L'apprentissage est mis en œuvre par un système d'apprentissage qui comprend le réseau dont les coefficients sont à estimer et l'algorithme utilisé pour l'estimation.

Expression de la fonction coût

Considérons le modèle entrée-sortie (SISO) suivant:

$$y(k) = f\big(y(k-1),...,y(k-n),\ u(k-1),...,u(k-m)\big) + e(k) \tag{1.46}$$

qui s'écrit encore, sous la forme compacte suivante:

$$y(k) = f\big(\varphi(k),\theta\big) + e(k) \tag{1.47}$$

où $y \in \Re$ et $u \in \Re$ représentent respectivement la sortie et l'entrée du système, $f(.)$ est une fonction non linéaire inconnue, $e(k)$ est un bruit de moyenne nulle, $\varphi(k)$ est le vecteur d'information et θ représente le vecteur des paramètres du modèle.

Le prédicteur neuronal peut être écrit comme suit:

$$\hat{y}(k) = f_{NN}\big(\varphi(k),\hat{\theta}(k-1)\big) \tag{1.48}$$

Le critère quadratique s'écrit:

$$J(k) = \sum_{i=1}^{k} \varepsilon^2(i) \qquad (1.49)$$

ou encore:

$$J(k) = \sum_{i=1}^{k} \left(y(i) - \hat{y}(i, \hat{\theta}(k)) \right)^2 \qquad (1.50)$$

Le problème posé ici consiste à développer un algorithme d'estimation des paramètres θ à partir de la minimisation du critère quadratique $J(k)$, tout en se basant sur des mesures expérimentales issues du système. De nombreux algorithmes d'estimation ont été proposés dans la littérature (voir, e.g., Ljung et Söderström, 1983; Bloch *et al.*, 1994; Sjöberg *et al.*, 1995). Dans la suite, on présente les algorithmes fréquemment mis en œuvre pour l'apprentissage des réseaux de neurones. Ces algorithmes sont faciles à mettre en œuvre et s'appliquent à tous les critères $J(k)$ dérivables par rapport à $\hat{\theta}(k)$.

1.6.1. Méthode du gradient simple

C'est la méthode la plus simple à mettre en œuvre, elle ne repose que sur le calcul du gradient qui donne la direction de descente. Cette méthode est connue sous le nom d'algorithme de descente du gradient ou "steepest descent". Dans les perceptrons multicouches, on lui donne le nom de "error backpropagation". Dans ce cas la direction de recherche $d(k)$ est donnée par:

$$d(k) = -\frac{\partial J(k)}{\partial \hat{\theta}(k)} \qquad (1.51)$$

où $\dfrac{\partial J(k)}{\partial \hat{\theta}(k)}$ représente le Gradient de J à l'itération k.

La structure de l'algorithme du gradient permettant de minimiser le critère quadratique (1.49) est définie par:

$$\hat{\theta}(k+1) = \hat{\theta}(k) + \mu d(k) \tag{1.52}$$

où μ est un pas d'apprentissage, qui doit être choisi de façon appropriée ($0 < \mu < 1$). Cette méthode, qui est largement utilisée dans les applications industrielles, a pour avantages une grande facilité de mise en œuvre et une grande robustesse.

1.6.2. Méthode du gradient à pas variable

Quelle que soit la direction de descente utilisée, il est possible d'asservir le pas μ de telle sorte que le critère à minimiser diminue à chaque modification des paramètres. La convergence de cette méthode dépend du choix du pas de gradient. Plusieurs méthodes existent pour assurer le bon choix de ce pas. Fréquemment, il est contrôlé d'une manière adaptative (voir, e.g. Gill et Wright, 1981). La direction de recherche $d(k)$ peut être améliorée en utilisant un terme additionnel pour transformer l'algorithme en " error backpropagation with momentum" (Rumelhart *et al.* 1986).

$$d(k) = -\frac{\partial J(k)}{\partial \hat{\theta}(k)} + \beta(k)d(k-1) \tag{1.53}$$

Le terme additionnel $\beta(k)d(k-1)$ a pour objectif d'éviter les oscillations autour du minimum.

1.6.3. Méthode de Newton

La méthode de Newton utilise la dérivée seconde du critère à minimiser. La structure de l'algorithme permettant de minimiser le critère $J(k)$ en utilisant la méthode de Newton est défini par:

43

$$\hat{\theta}(k+1) = \hat{\theta}(k) - (H(\hat{\theta}(k))^{-1} \frac{\partial J(k)}{\partial \hat{\theta}(k)} \qquad (1.54)$$

Cependant, l'algorithme de Newton (1.54) nécessite le calcul et l'inversion du Hessien à chaque itération, et la définie-positivité du Hessien doit être satisfaite à chaque itération. Notons, que l'algorithme de Newton est plus performant que l'algorithme du gradient.

1.6.4. Méthode de Levenberg-Marquardt

La structure de l'algorithme du Levenberg-Marquardt (Gill et Wright, 1981) permettant de minimiser le critère quadratique (1.49) est définie par:

$$\hat{\theta}(k+1) = \hat{\theta}(k) - (H(\hat{\theta}(k) + \lambda(k)I)^{-1} \frac{\partial J(k)}{\partial \hat{\theta}(k)} \qquad (1.55)$$

avec I une matrice Identité.

Cette méthode est particulièrement astucieuse, car elle s'adapte d'elle-même à la forme du critère à minimiser. Elle effectue un compromis entre la direction du gradient et la direction donnée par la méthode de Newton. En effet, la direction de recherche dépend de la variation de $\lambda(k)$. Autrement dit, quand $\lambda(k) \to \infty$ la quantité $H(\hat{\theta}(k))$ devient négligeable devant $\lambda(k)I$, et on se trouve devant la méthode du gradient avec un pas proche de zéro. Par contre, si $\lambda(k)=0$, on trouve simplement la méthode de Newton. Donc, en ajustant $\lambda(k)$, la direction de recherche varie entre celle du gradient et celle de Newton (voir Figure 1.23).

Cette méthode permet de pallier aux inconvénients d'un mauvais choix du pas ou du nombre d'itérations, car elle choisit automatiquement un compromis entre la direction du gradient et la direction de Newton. On choisit une valeur initiale $\lambda(0)$.

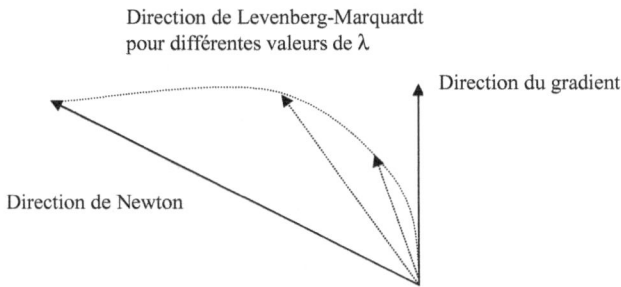

Direction de Levenberg-Marquardt
pour différentes valeurs de λ

Direction du gradient

Direction de Newton

Figure 1.23. *Direction de recherche de Levenberg-Marquard pour différentes valeurs de* λ.

Bishop, (1995) propose une valeur $\lambda_0 = 0.1$ qui est modifiée durant l'optimisation. A chaque itération, on calcule le critère $J(k)$ avec la valeur précédente de λ; si le critère diminue, on effectue la modification des paramètres et on diminue λ; si le critère croît, on cherche à se rapprocher du gradient et on augmente λ jusqu'à obtenir le minimum.

En les confrontant sur plusieurs problèmes, il apparaît qu'aucune de ces deux méthodes ne prend un avantage considérable sur l'autre. Avec la première méthode, il est nécessaire de régler plusieurs paramètres (choix du pas et du nombre d'itérations pour le gradient). En revanche, avec la méthode de Levenberg-Marquardt, il suffit de spécifier les critères d'arrêt et l'algorithme qui adapte λ. Typiquement, on constate qu'en début d'optimisation, λ augmente (la direction de descente est presque celle du gradient) puis diminue au voisinage du minimum (la direction de descente est presque celle de Newton).

1.7. Tests de mesure de performances

Pour arrêter l'apprentissage automatiquement, il est désirable de posséder des tests d'arrêt; ceci en fonction des indices de performances souhaités (précision, stabilité etc.). Soulignons qu'il est possible d'appliquer plusieurs tests en même temps. Trois tests sont souvent utilisés.

T1. L'apprentissage dépend du nombre d'itérations. En effet, l'apprentissage s'arrête quand ce nombre est atteint, il n'est pas raisonnable de continuer à utiliser ce critère quand les poids ont déjà convergé vers la solution désirée.

T2. Au point minimum $\theta = \theta^*$, le gradient du critère $J(k)$ devrait tendre vers une valeur minimale. On peut choisir la norme du gradient (exemple la norme euclidienne) inférieure à un certain seuil: $\left\| \dfrac{\partial J(k)}{\partial \hat{\theta}(k)} \right\| \leq \delta$.

T3. Ce test consiste à mesurer la variation du vecteur de paramètres estimé $\hat{\theta}(k)$ entre deux itérations. Si cette variation est inférieure à une certaine valeur fixée, on peut arrêter l'apprentissage. Par exemple $\left\| \hat{\theta}(k+1) - \hat{\theta}(k) \right\| \leq \delta_0$: δ_0 étant une valeur fixée.

1.8. Test de Validation

Le modèle obtenu à partir de l'estimation de ses paramètres n'est valable, en toute rigueur, que pour l'expérience utilisée. Il faut donc vérifier qu'il est compatible avec d'autres formes d'entrées afin de représenter correctement le fonctionnement du système à identifier. On présente, dans ce paragraphe, des tests statistiques de validation d'un modèle de prédiction basés sur la fonction d'autocorrélation des résidus, sur la fonction d'intercorrélation entre les résidus et les autres entrées du système.

La plupart de ces tests requièrent un jeu de données qui n'était pas utilisé en apprentissage. Un tel jeu de test ou validation doit, si possible, couvrir la même gamme de fonctionnement que le jeu d'apprentissage.

La plupart des indicateurs de qualité du modèle ont été mis au point pour la validation de modèles et en particulier la vérification des hypothèses posées pour construire le modèle. Cependant, leur utilisation pour des modèles neuronaux ne pose aucun problème particulier. Dans ce qui suit, on présentera les indicateurs de qualité les plus couramment utilisés. Pour bâtir ce paragraphe, on s'est inspiré des travaux de Norgaard (1996).

1.8.1. Fonctions de corrélation des résidus

Les résidus $\varepsilon(k)$ obtenus à partir de l'estimation des paramètres d'un modèle représentent les perturbations non mesurables présentées au sein du système. Les résidus doivent constituer une séquence aléatoire indépendante assimilant ainsi les erreurs de prédiction à un bruit blanc. Différents tests statistiques, appelés tests de blancheur des résidus, ont été développés afin de valider cette propriété. On trouve dans Billings et Voon, (1986) et Billings et Zhu, (1994) l'idée de calculer et de visualiser les fonctions de corrélation empiriques. Dans Billings et Voon, (1986) et Norgaard, (1996), les fonctions de corrélation recommandées sont les suivantes:

Fonction d'autocorrélation des résidus

$$\hat{r}_{\varepsilon\varepsilon}(\tau) = \frac{\sum_{k=1}^{N-\tau}\left(\varepsilon(k,\hat{\theta}) - \bar{\varepsilon}\right)\left(\varepsilon(k-\tau,\hat{\theta}) - \bar{\varepsilon}\right)}{\sum_{k=1}^{N}\left(\varepsilon(k,\hat{\theta}) - \bar{\varepsilon}\right)^2} \tag{1.56}$$

Fonction d'intercorrélation entre les résidus et les entrées précédentes

$$\hat{r}_{u\varepsilon}(\tau) = \frac{\sum_{k=1}^{N-\tau}\left(u(k) - \bar{u}\right)\left(\varepsilon(k-\tau,\hat{\theta}) - \bar{\varepsilon}\right)}{\sqrt{\sum_{k=1}^{N}\left(u(k) - \bar{u}\right)^2}\sqrt{\sum_{k=1}^{N}\left(\varepsilon(k,\hat{\theta}) - \bar{\varepsilon}\right)^2}} \tag{1.57}$$

où:

$$\overline{x} = \frac{1}{N} \sum_{k=1}^{N} x(k) \tag{1.58}$$

ε étant l'erreur de prédiction et u étant l'entrée du système.

Idéalement, si le modèle est validé, le résultat de ces tests de corrélation conduit aux résultats suivants: $\hat{r}_{\varepsilon\varepsilon}(\tau) = \begin{cases} 1, & \tau = 0 \\ 0, & \tau \neq 0 \end{cases}$ et $\hat{r}_{u\varepsilon}(\tau) = 0, \ \forall \tau$.

Typiquement, on vérifie que les fonctions $\hat{r}$ sont nulles pour l'intervalle $\tau \in [-20, 20]$ avec un intervalle de confiance de 95%, c'est-à-dire que: $\frac{-1.96}{\sqrt{N}} < \hat{r} < \frac{1.96}{\sqrt{N}}$.

Cependant, l'utilisation de ces tests dans le cadre de la modélisation non-linéaire peut conduire à l'échec du diagnostic lorsque des termes non-linéaires du modèle sont oubliés (Billings et Voon, 1986).

Il est possible d'utiliser une extension des tests précédemment décrits en prenant en compte les puissances du signal d'entrée ou du résidu (Billings et Voon, 1986). Il est également possible d'étendre ces tests à l'exploitation de l'information comprise dans la sortie du système (Billings et Zhu, 1994).

On a:

$$\hat{r}_{\alpha\varepsilon^2}(\tau) = \frac{\sum_{k=1}^{N-\tau} (\alpha(k) - \overline{\alpha})(\varepsilon^2(k-\tau, \hat{\theta}) - \overline{\varepsilon^2})}{\sqrt{\sum_{k=1}^{N} (\alpha(k) - \overline{\alpha})^2} \sqrt{\sum_{k=1}^{N} (\varepsilon^2(k, \hat{\theta}) - \overline{\varepsilon^2})^2}} \tag{1.59}$$

et

$$\hat{r}_{\alpha u^2}(\tau) = \frac{\sum_{k=1}^{N-\tau} (\alpha(k) - \overline{\alpha})(u^2(k-\tau) - \overline{u^2})}{\sqrt{\sum_{k=1}^{N} (\alpha(k) - \overline{\alpha})^2} \sqrt{\sum_{k=1}^{N} (u^2(k, \hat{\theta}) - \overline{u^2})^2}} \tag{1.60}$$

où $\alpha(k) = y(k)\varepsilon(k,\hat{\theta})$

Idéalement, si le modèle est validé, alors :

$$\hat{r}_{\alpha\varepsilon^2}(\tau) = \begin{cases} k_2, & \tau = 0 \\ 0, & \tau \neq 0 \end{cases} \quad \text{où} \quad k_2 = \frac{\sqrt{\sum_{k=1}^{N}\left(\varepsilon^2(k,\hat{\theta}) - \overline{\varepsilon^2}\right)^2}}{\sqrt{\sum_{k=1}^{N}\left(\alpha(k) - \overline{\alpha^2}\right)^2}} \quad \text{et} \quad \hat{r}_{\alpha u^2}(\tau) = 0, \ \forall \tau.$$

Pratiquement, on teste si les fonctions $\hat{r}$ sont nulles avec un intervalle de confiance de 95%, c'est-à-dire que: $\dfrac{-1.96}{\sqrt{N}} < \hat{r} < \dfrac{1.96}{\sqrt{N}}$. Soient:

$$\hat{r}_{u^2\varepsilon^2}(\tau) = \frac{\sum_{k=1}^{N-\tau}\left(u^2(k) - \overline{u^2}\right)\left(\varepsilon^2(k-\tau,\hat{\theta}) - \overline{\varepsilon^2}\right)}{\sqrt{\sum_{k=1}^{N}\left(u^2(k) - \overline{u^2}\right)^2}\sqrt{\sum_{k=1}^{N}\left(\varepsilon^2(k,\hat{\theta}) - \overline{\varepsilon^2}\right)^2}} \tag{1.61}$$

$$\hat{r}_{u^2\varepsilon}(\tau) = \frac{\sum_{k=1}^{N-\tau}\left(u^2(k) - \overline{u^2}\right)\left(\varepsilon(k-\tau,\hat{\theta}) - \overline{\varepsilon}\right)}{\sqrt{\sum_{k=1}^{N}\left(u^2(k) - \overline{u^2}\right)^2}\sqrt{\sum_{k=1}^{N}\left(\varepsilon(k,\hat{\theta}) - \overline{\varepsilon}\right)^2}} \tag{1.62}$$

et

$$\hat{r}_{\varepsilon\beta}(\tau) = \frac{\sum_{k=1}^{N-\tau}\left(\varepsilon(k,\hat{\theta}) - \overline{\varepsilon}\right)\left(\beta(k-\tau-1) - \overline{\beta}\right)}{\sqrt{\sum_{k=1}^{N}\left(\varepsilon(k,\hat{\theta}) - \overline{\varepsilon}\right)^2}\sqrt{\sum_{k=1}^{N}\left(\beta(k) - \overline{\beta}\right)^2}} \tag{1.63}$$

où $\beta(k) = u(k)\varepsilon(k,\hat{\theta})$

Les résultats des tests doivent satisfaire les relations suivantes :
$$\hat{r}_{u^2\varepsilon^2}(\tau) = 0, \ \forall \tau, \quad \hat{r}_{u^2\varepsilon}(\tau) = 0, \ \forall \tau, \quad \hat{r}_{\varepsilon\beta}(\tau) = 0, \ \forall \tau \geq 0$$

Pratiquement, on teste si les fonctions $\hat{r}$ sont nulles avec un intervalle de confiance de 95%, c'est-à-dire que: $\dfrac{-1.96}{\sqrt{N}} < \hat{r} < \dfrac{1.96}{\sqrt{N}}$.

Toutes les fonctions mentionnées ci-dessus peuvent être appliquées aux systèmes multivariables. Les fonctions de corrélation doivent être calculées pour chaque combinaison d'entrée et de sortie. L'utilisation des différents tests présentés dans ce paragraphe est nécessaire pour valider la modélisation du système étudié.

1.9. Application

Considérons le système de la Figure 1.24, qui est destiné pour l'arrosage d'un champ agricole. Constitué de n parcelles. Ce système est constitué de trois bacs. Le bac 1 contient de l'eau, alors que le bac 2 contient une solution d'engrais chimiques (fertilisants). Le bac 3 contient un mélange des deux autres bacs, qui va être réparti dans les parcelles du champ agricole par l'intermédiaire d'un distributeur.

Système à modéliser

On cherche à modéliser le système de remplissage et d'évacuation de l'eau du bac 1. Il s'agit d'un bac qui se remplit avec un débit q_i et qui permet d'évacuer de l'eau par un orifice situé dans son fond.

On note par S, h et V la section, la hauteur et le volume du bac, respectivement, q le débit de sortie de l'eau, q_i le débit d'entrée de l'eau et ρ la masse volumique de l'eau.

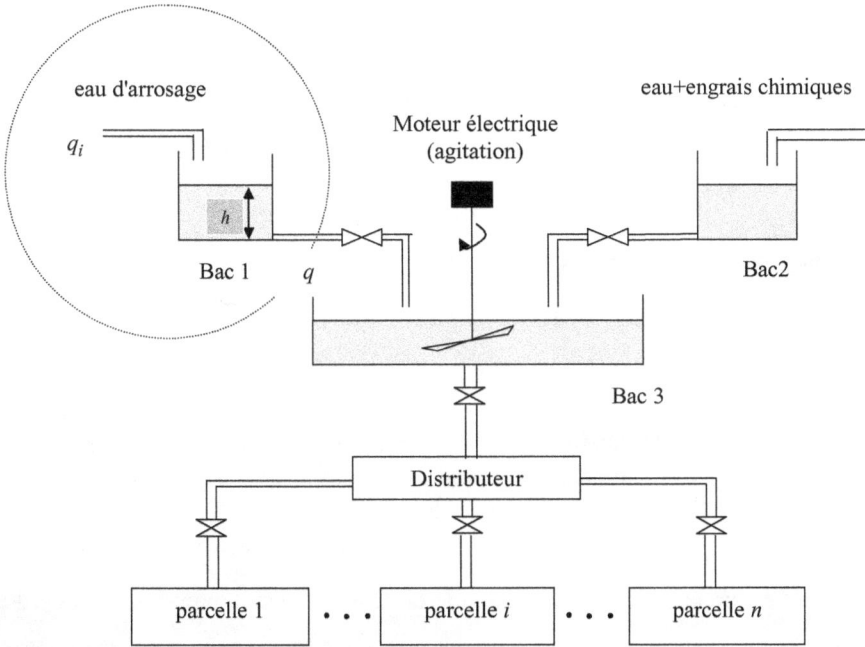

Figure 1.24. *Système d'arrosage.*

Analyse des variables

Les variables peuvent être classées comme suit:

- variable d'état: le volume du bac, ou de façon équivalente, la hauteur de liquide h,
- variable d'entrée: le débit volumique d'alimentation q_i,
- variable de sortie: le débit volumique de sortie q.

Equations de bilan

En supposant que la masse volumique est constante, le bilan de masse s'écrit:

$$S\frac{dh}{dt} = q_i - q \qquad (1.64)$$

Le débit d'un orifice, situé dans le fond d'un bac, peut être considéré en première approximation comme étant proportionnel à la hauteur du liquide dans le bac, soit:

$$q = \alpha h \tag{1.65}$$

d'où l'équation du système :

$$S\frac{dh}{dt} = q_i - \alpha h \tag{1.66}$$

Le débit q peut être décrit à partir de la relation de Bernouilli, soit:

$$q = C_v \sqrt{P - P_a} \tag{1.67}$$

où C_v est un coefficient dépendant de la vanne, P est la pression au fond du bac et P_a est la pression ambiante à l'extérieur du bac. Si la surface du liquide est à la pression ambiante, alors on a:

$$P = P_a + \frac{\rho g}{g_c} h \tag{1.68}$$

où ρ est la masse volumique du liquide, g est l'accélération de la gravité et g_c est un facteur de conversion. Le modèle du système s'écrit:

$$S\frac{dh}{dt} = q_i - C_v \sqrt{\rho \frac{g}{g_c} h} \tag{1.69}$$

Le modèle discret s'écrit:

$$h(k) = \left[h(k-1) - \frac{T}{S} C_v \sqrt{\rho \frac{g}{g_c} h(k-1)} \right] + \frac{T}{S} q(k-1) \tag{1.70}$$

où T est la période d'échantillonnage et k est le temps discret, défini par $t = kT$.

1.9.1. Identification par réseaux de neurones

Le système sans bruit est simulé par l'équation à temps discret (1.70); avec $\rho \dfrac{g}{g_c} = 2$, $C_v = 0.05$, $T=0.6$ s et $S = 1m^2$.

Réseau prédicteur non bouclé

Le système d'apprentissage utilise un réseau de neurones prédicteur, soit un réseau non bouclé de la forme (1.38). On fixe *n*=2 et *m*=2. La séquence de commande utilisée pour l'apprentissage est aléatoire et de distribution uniforme. L'amplitude est dans l'intervalle [-1, 1]. La séquence totale comporte 500 pas d'échantillonnage. Les Figures 1.25 et 1.26 représentent respectivement la séquence d'apprentissage et la séquence d'estimation de la performance (ou séquence de test). Pour l'apprentissage, on a utilisé l'algorithme de Levenberg-Marquardt.

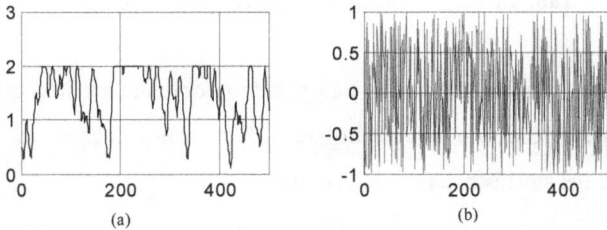

Figure 1.25. *Séquences d'apprentissage : sortie désirée* (a); *entrée de commande* (b).

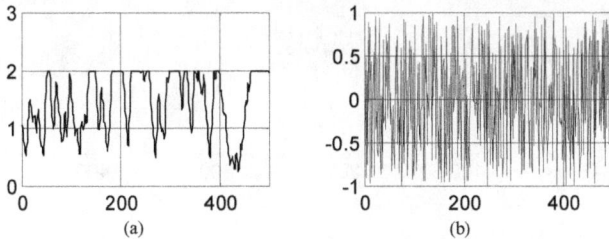

Figure 1.26 : *Séquences de test* : (a) *sortie*; (b) *entrée.*

Le Tableau 1.1 présente les performances obtenues. On remarque qu'à partir de 6 neurones dans la couche cachée, l'ajout de neurones supplémentaires n'améliore pas sensiblement la précision, et parfois il l'a fait diminuer. Ceci permet de conclure que 6 neurones dans la couche cachée sont nécessaires et suffisent pour obtenir un prédicteur d'une précision satisfaisante.

Nombre de neurones dans la couche cachée	EQMA	EQMT
4	$1.13 \ 10^{-4}$	$2.6 \ 10^{-4}$
5	$1.05 \ 10^{-4}$	$2.27 \ 10^{-4}$
6	$7.24 \ 10^{-5}$	$1.68 \ 10^{-4}$
7	$5.9 \ 10^{-5}$	$1.25 \ 10^{-4}$
8	$8.42 \ 10^{-5}$	$1.87 \ 10^{-4}$

Tableau 1.1. *Performances du réseau prédicteur non bouclé.*

La Figure 1.27 présente l'erreur de prédiction obtenue sur la séquence de test avec le prédicteur non bouclé utilisé à 6 neurones cachés. La Figure 1.28 représente les sorties mesurée et prédite.

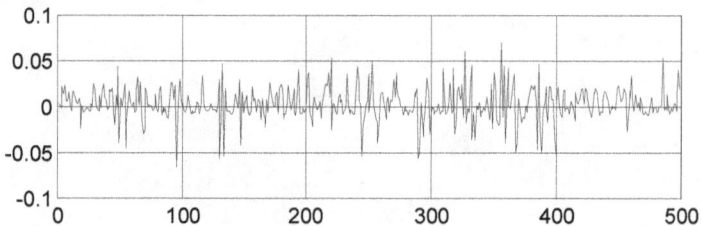

Figure 1.27. *Erreur de prédiction.*

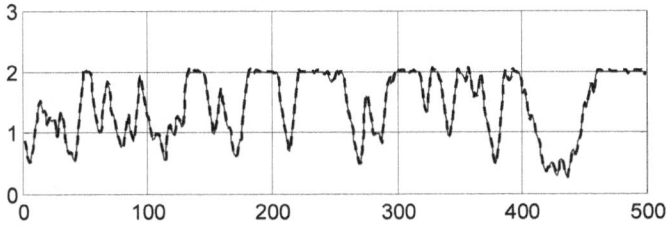

Figure 1.28. *Sortie mesurée et sortie prédite par le réseau de neurones.*

Les fonctions d'autocorrélation des résidus et d'intercorrélation entre l'entrée et les résidus (voir Figure 1.29) sont à l'intérieur des intervalles de confiance, validant ainsi l'utilisation du réseau obtenu comme modèle du système étudié.

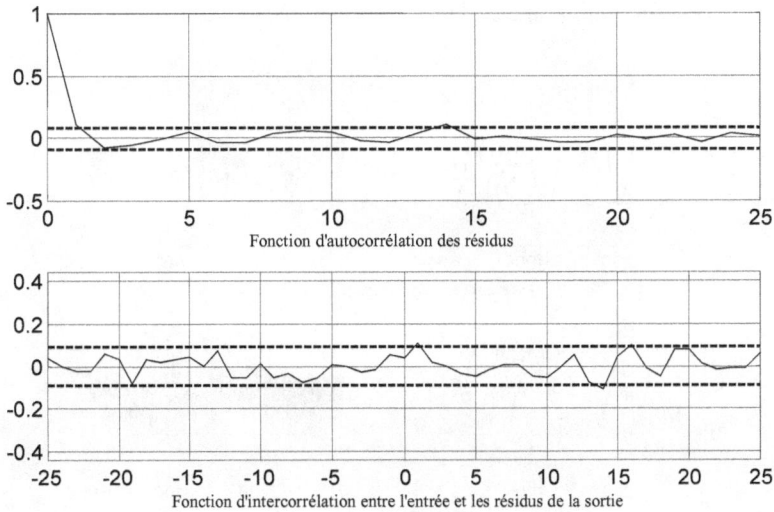

Fonction d'autocorrélation des résidus

Fonction d'intercorrélation entre l'entrée et les résidus de la sortie

Figure 1.29. *Tests de validation du modèle.*

Réseau prédicteur bouclé de type NNARMAX

Soit e un bruit blanc de moyenne nulle et de variance 0.0032.

Le système est déterminé par l'équation aux différences non linéaire suivante:

$$h(k) = \left[h(k-1) - \frac{T}{S}C_v\sqrt{\rho \frac{g}{g_c}h(k-1)} \right] + \frac{T}{S}q(k-1) + 0.1h(k-1)e(k-1) + e(k)$$

$$(1.71)$$

Le prédicteur associé au modèle NNARMAX est bouclé sur l'erreur et est donné par l'équation (1.43). Pour l'identifier, on utilise un réseau bouclé de la forme (1.44), avec $n=2$, $m=2$ et $n_e=1$.

Il s'agit d'un réseau prédicteur bouclé d'ordre 1. Le système d'apprentissage est donné Figure 1.22. L'algorithme d'apprentissage utilisé et celui de Levenberg-Marquard. Le nombre de neurones dans la couche cachée est 6. Les séquences d'apprentissage et du test sont données Figure 1.30.

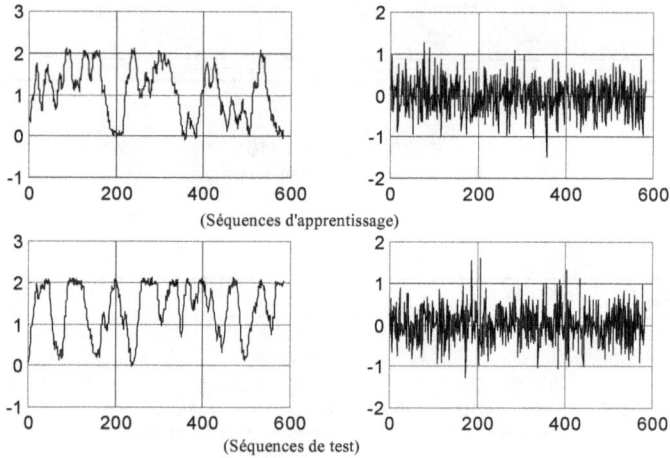

(Séquences d'apprentissage)

(Séquences de test)

Figure 1.30. *Séquences d'apprentissage et séquences de test.*

Le Tableau 1.2 donne les résultats obtenus à la fin de l'apprentissage. On remarque que les valeurs de l'EQMA et de l'EQMT sont très proches de la valeur de la variance du bruit, qui est égale à 0.0032.

EQMA	EQMT
0.0038	0.00392

Tableau 1.2. *Performances obtenues avec un prédicteur NNARMAX.*

Les Figures 1.31 et 1.32 représentent respectivement la sortie prédite à 1 pas par le prédicteur NNARMAX et l'erreur de prédiction obtenue avec ce prédicteur.

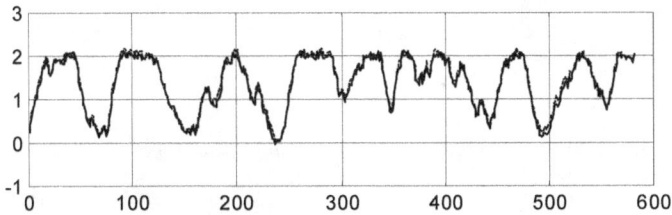

Figure 1.31. *Sortie mesurée et sortie prédite par le réseau de neurones.*

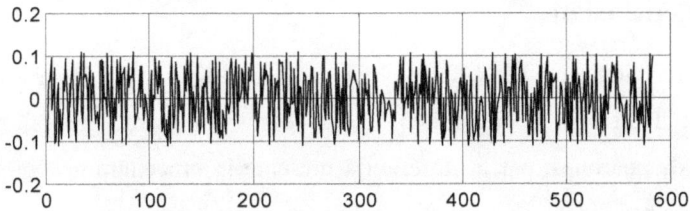

Figure 1.32. *Erreur de prédiction obtenue sur la séquence de test.*

Afin de valider le modèle obtenu, on trace les fonctions d'autocorrélation des résidus (voir Figure 1.33) et d'intercorrélation entre l'entrée et les résidus (voir Figure 1.34).

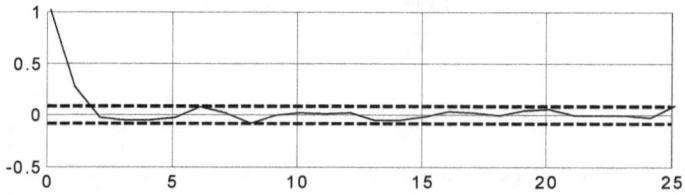

Figure 1.33. *Fonction d'autocorrélation des résidus.*

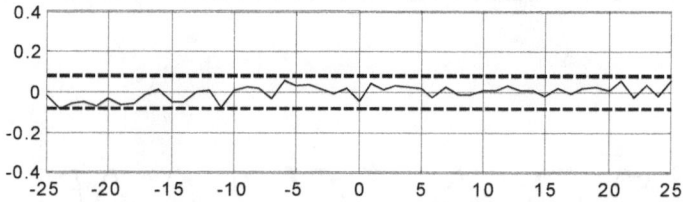

Figure 1.34. *Fonction d'intercorrélation entre l'entrée et les résidus.*

On remarque que ces deux fonctions sont à l'intérieur des intervalles de confiance, validant ainsi l'utilisation du réseau obtenu comme modèle du système étudié.

1.10. Conclusion

Dans ce chapitre, on a traité des problèmes d'identification par les réseaux de neurones. Pour cela, on a commencé par donner un aperçu général sur les réseaux de neurones; par la suite, on a présenté la procédure générale qu'il faut suivre pour identifier un système. Divers algorithmes d'apprentissage des réseaux de neurones ont été étudiés. Des tests statistiques, appelés encore tests de blancheur des résidus, ont été développés afin de valider le modèle prédicteur. Le chapitre suivant sera consacré à une deuxième méthode de modélisation basée sur la logique floue. Une combinaison entre les deux méthodes, réseaux de neurones et logique floue (Neuro-flou), sera aussi développée dans le chapitre suivant.

Logique floue pour la modélisation des systèmes

2.1. Introduction

Dans le domaine de l'automatique, comme beaucoup d'autres domaines, on se trouve assez souvent dans des situations où les informations dont on dispose ne sont pas toujours précises. Un exemple d'une telle imprécision serait "je vais augmenter un peu la température ambiante d'une serre agricole". Un autre exemple de situation imprécise peut être "le débit actuel du réservoir d'arrosage d'un champ agricole est un peu élevé". Les informations qu'on traite peuvent être aussi entachées d'une certaine incertitude. Voici une phrase comportant une incertitude: "il est possible de noyer la plante si on maintient le débit actuel d'arrosage". Il n'est pas difficile de trouver une situation entachée d'incertitude et d'imprécision en même temps. Pour cela, il suffit de dire "il est possible que l'hygrométrie à l'intérieur d'une serre agricole baisse légèrement suite aux changements météorologiques annoncées". Qu'est-ce qu'une légère baisse ? Avec quelle probabilité les prévisions météorologiques vont elles se réaliser ?

L'être humain est habitué à utiliser des informations entachées d'incertitude et d'imprécision dans sa vie. Il utilise ces informations incomplètes, raisonne avec elles et prend des décisions. Dans le domaine scientifique, il a été nécessaire de créer une logique qui admet des valeurs de vérité en dehors de l'ensemble {vrai, faux} pour pouvoir tenir compte et manipuler ce genre d'information incomplète.

Lukasiewicz a proposé en 1920 une logique ayant les trois valeurs de vérité suivantes : "vrai", "faux" et "doute". Ces valeurs, qui étaient représentées par l'ensemble {0, 1, 0.5}, ont été ensuite étendues à l'intervalle [0,1].

Néanmoins, c'est Zadeh (Zadeh, 1965) qui, à partir de l'idée d'appartenance partielle d'un élément à plusieurs classes, a formellement introduit la logique floue. Cette logique permet de modéliser les connaissances incertaines et imprécises à travers les ensembles flous.

La logique floue a connu un intérêt important dans la communauté scientifique au cours de ces dernières années. En effet, on a pu constater durant la dernière décennie un changement significatif de direction dans le développement de la logique floue et de ses applications. En effet, dans ses premières étapes, la logique floue a eu pour préoccupation principale le raisonnement approximatif dans le contexte de l'analyse, de la décision et de la représentation des connaissances. Puis, au début des années 80, l'attention a commencé à se déplacer vers la modélisation et le contrôle des systèmes industriels (voir, e.g., Takagi et Sugeno, 1985; George *et al.*, 1997; Shaocheng *et al.*, 1997; Sousa et Setnes, 1999).

On commencera ce chapitre par une présentation de la théorie des ensembles flous. On présentera, par la suite, un aperçu sur les relations, les propositions et les systèmes d'inférences flous. Une grande partie est consacrée à la description des méthodes utilisées pour la modélisation des systèmes en utilisant l'approche de la logique floue. Enfin, on présentera une nouvelle méthode de modélisation floue basée sur la structure hiérarchisée d'automates à apprentissage. Cette méthode sera validée par une application.

2.2. Théorie des ensembles flous

La logique floue introduite par Zadeh (Zadeh, 1965) est particulièrement séduisante en raison de sa capacité à produire un raisonnement sur des termes proches du langage courant, et à manipuler des informations entachées d'imprécisions et/ou d'incertitudes. Il s'agit d'une logique multivaluée basée sur la notion d'ensembles flous, qui est une extension de la théorie classique des ensembles. La notion d'ensembles flous permet alors des graduations dans l'appartenance d'un élément à une classe, c'est-à-dire autorise un élément à appartenir plus ou moins fortement à cette classe. Elle permet de traiter par exemple:

- des situations intermédiaires entre le tout et le rien,

- le passage progressif d'une propriété à une autre,

- des valeurs approximatives.

Définition : Etant donné un ensemble de référence X, un sous-ensemble flou A de X est défini par une fonction d'appartenance μ_A qui associe à chaque élément x de X, son degré d'appartenance $\mu_A(x)$ à A, compris entre 0 et 1.

2.2.1. Différence entre un ensemble flou et un ensemble booléen

Le sous-ensemble flou A est un sous-ensemble classique (appelé encore booléen) de X lorsque μ_A ne prend que les valeurs 0 et 1. Donc, un ensemble booléen est un cas particulier d'un sous-ensemble flou.

Considérons, à titre d'exemple, l'ensemble des températures possibles d'une serre agricole. Cet ensemble, représente l'univers de discours de la variable "Température". " moyenne" est une valeur linguistique de cette variable. Ceci est illustré Figure 2.1 suivante:

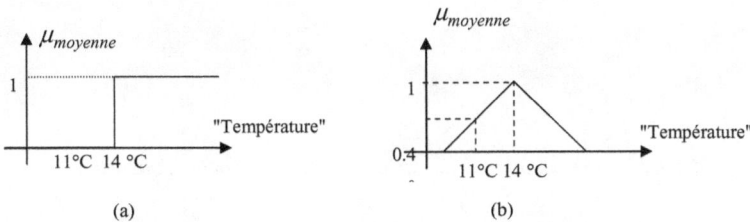

Figure 2.1. *Réprésentation du sous-ensemble "moyenne" dans le cas booléen (a) et flou (b).*

Remarquons, par exemple, que la température 11 °C de la Figure 2.1 (a) n'appartient pas à la classe "moyenne" dans le cas de l'ensemble booléen.

Cependant, cette même température de la Figure 2.1 (b) appartient dans le cas de l'ensemble flou à la valeur "moyenne" avec un degré d'appartenance 0.4. La notion d'ensemble flou évite l'utilisation arbitraire de limites rigides (il est difficile de dire qu'une température de 14 °C est moyenne, mais 13.9 °C ne l'est pas).

2.2.2. Variables linguistiques

Une variable linguistique peut être représentée par un triplet (V, X, C_V), où V et la variable linguistique elle-même, X l'univers de discours et C_V l'ensemble des valeurs de la variable linguistique V.

Considérons, par exemple, la commande d'une vanne d'arrosage agricole. La variable "débit" peut être considérée dans ce cas. Elle est définie sur l'ensemble $\Re^+$ et est caractérisée par les ensembles flous "petit débit, moyen débit et grand débit". La variable débit est alors représentée par le triplet suivant : $(débit, \Re^+, (petit, moyen, grand))$, comme illustrée Figure 2.2.

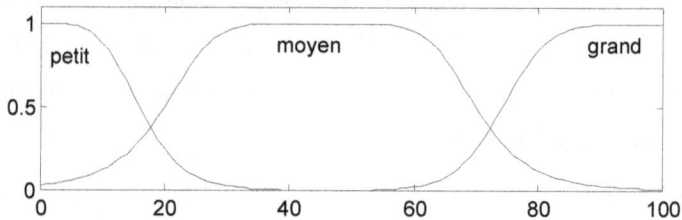

Figure 2.2. *Présentation de la variable linguistique débit d'une vanne.*

2.2.3. Définitions

Il existe plusieurs définitions qui servent à mieux décrire un ensemble flou en fonction de ses caractéristiques. Pour cela, considérons A un sous-ensemble flou de l'ensemble de référence X et μ_A sa fonction d'appartenance.

Un ensemble flou A défini sur l'univers de discours X dans le cas discret est noté par:

$$A = \sum_{i=1}^{n} \mu_A(x_i)/x_i = \mu_A(x_1)/x_1 + \ldots + \mu_A(x_i)/x_i \qquad (2.1)$$

Ce même ensemble, défini sur l'univers de discours X dans le cas continu, est noté par:

$$A = \int_X \mu_A(x)/x \qquad (2.2)$$

Caractéristiques d'un ensemble flou

Les caractéristiques d'un ensemble flou sont essentiellement celles qui montrent à quel point l'ensemble flou diffère de l'ensemble booléen. Ces caractéristiques sont inspirées du livre de Godjevac (Godjevac, 1999).

a) Support: $supp(A)$ de A est le sous-ensemble classique (booléen) de X, tel que ses éléments appartiennent au moins un peu à A.

$$Supp(A) = \{x \in X / \mu_A(x) > 0\}$$

b) Hauteur: $h(A)$ de A est le degré le plus fort avec lequel un élément de X appartient à A.

$$h(A) = \sup_{x \in X} \mu_A(x)$$

c) Noyau: $noy(A)$ de A est composé par tous les éléments de X qui appartiennent à A de façon absolue.

$$noy(A) = \{x \in X / \mu_A(x) = 1\}$$

d) Coupe de niveau α ou α- coupe: α- coupe (A) est l'ensemble booléen des éléments de X qui appartiennent à A avec un degré d'appartenance au moins égal à α.

$$A_\alpha = \{x \in X / \mu_A(x) \geq \alpha\}$$

e) Normalisation: A est dit normalisé s'il existe au moins un élément de X qui lui appartient de façon absolue (c'est-à-dire avec un degré d'appartenance égal à 1).

f) Cardinalité: lorsque X est fini, on définit la cardinalité $|A|$ de A comme étant le degré global avec lequel les éléments de X appartiennent à A.

$$|A| = \sum_{x \in X} \mu_A(x)$$

Certaines de ces caractéristiques d'un ensemble flou sont données Figure 2.3.

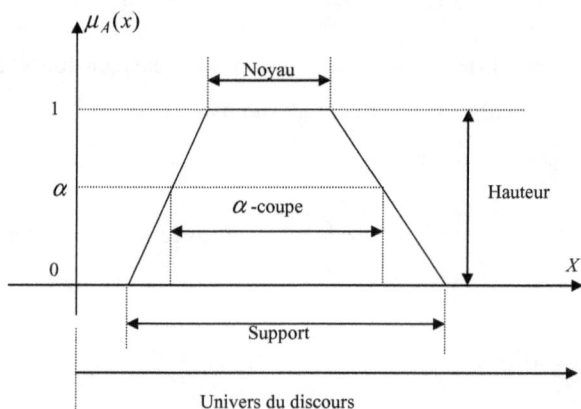

Figure 2.3. *Support, hauteur, noyau, et α- coupe d'un ensemble flou.*

g) Singleton flou $\{x\}$ de X: $\mu_{\{x\}}(x) = 1$ et $\mu_{\{x\}}(y) = 0$ pour tout $y \neq x$. La Figure 2.4 représente la structure d'un singleton flou.

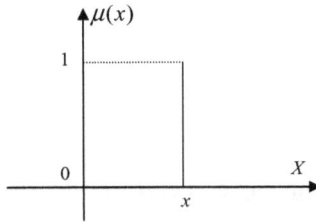

Figure 2.4. Singleton flou.

h) Ensembles flous convexes : un ensemble flou A est convexe si :

$$\forall\, x_1, x_2 \in X, \forall\, \lambda \in\,]0,1], \mu_A(\lambda x_1 + (1-\lambda)x_2) \leq \min(\mu_A(x_1), \mu_A(x_2))$$

i) Partition flou : N ensembles flous $(A_1,..., A_N)$ définis sur l'univers de discours X forment une partition floue si, $\forall x \in X$, on peut écrire:

$$\sum_{i=1}^{N} \mu_{A_i}(x) = 1 \tag{2.3}$$

Une partition floue composée d'ensembles flous convexes normaux implique que pas plus de deux fonctions d'appartenance se recouvrent, comme le montre la Figure 2.5.

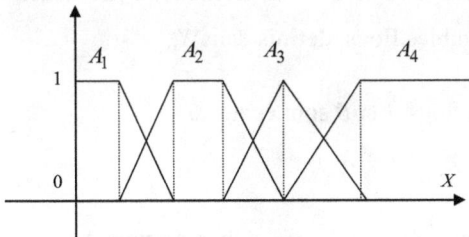

Figure 2.5. *Exemple de partition floue.*

j) distance entre deux ensembles flous: c'est une évaluation de ce qui sépare deux ensembles flous de même ensemble de référence. On parle de deux types de distances: la distance de Hamming et la distance euclidienne.

- distance de Hamming: si A et B sont deux sous ensembles flous dans le même ensemble de référence X, la distance de Hamming entre eux est définie par :

$$D(A,B) = \sum_{i=1}^{v} \left| \mu_A(x_i) - \mu_B(x_i) \right| \qquad (2.4)$$

où v est le nombre d'éléments de l'ensemble de référence X.

- distance euclidienne: cette distance est définie entre deux sous ensembles flous A et B de même ensemble de référence X de la manière suivante:

$$D_e(A,B) = \sqrt{\frac{1}{v} \sum_{i=1}^{v} \left(\mu_A(x_i) - \mu_B(x_i) \right)^2} \qquad (2.5)$$

2.2.4. Opérations sur les ensembles flous

Pour pouvoir manipuler les ensembles flous, il a fallu généraliser les opérations ensemblistes classiques. Considérons pour les prochaines définitions, proposées dans le livre de Bernadette (Bernadette, 1995), que A et B sont deux ensembles flous, définis dans X.

- les ensembles flous A et B sont égaux si:
$$\mu_A(x) = \mu_B(x) \ , \quad \forall x \in X$$

- le complément A^c (ou $\overline{A}$) de A par rapport à X est défini par la fonction d'appartenance suivante:

66

$$\mu_{\overline{A}}(x) = 1 - \mu_A(x) \quad \forall x \in X$$

- l'ensemble A est inclus dans l'ensemble B si et seulement si:

$$\mu_A(x) \leq \mu_B(x) \quad , \quad \forall x \in X$$

- l'union des ensembles A et B est l'ensemble flou ayant la fonction d'appartenance suivante:

$$\mu_{A \cup B}(x) = \max\{ \mu_A(x), \mu_B(x) \} \quad \forall x \in X$$

- l'intersection des ensembles A et B est l'ensemble flou ayant la fonction d'appartenance suivante:

$$\mu_{A \cap B}(x) = \min\{ \mu_A(x), \mu_B(x) \} \quad \forall x \in X$$

La Figure 2.6 présente un exemple d'intersection et d'union de deux ensembles flous A et B.

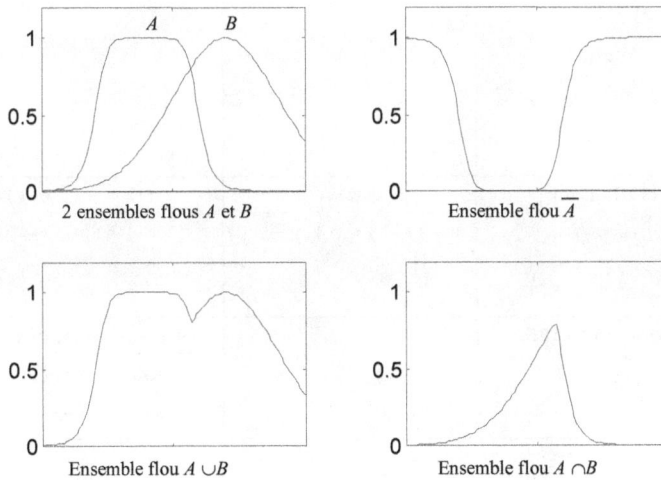

Figure 2.6. *Exemple d'intersection et d'union d'ensembles flous.*

Les opérations d'intersection, d'union et de complémentation de sous-ensembles flous, qui sont habituellement employées, peuvent être remplacées par d'autres opérations construites à l'aide d'opérateurs différents du minimum, du maximum et de la complémentation à 1. En effet, il existe d'autres opérateurs qui sont respectivement les normes triangulaires (T-normes) pour l'intersection et les conormes triangulaires (T-conormes) pour l'union.

Auteur	T-norme	T-conorme
Zadeh	$\min(x, y)$	$\max(x, y)$
Bandler et Kohout	xy	$x + y - xy$
Lukasiewicz, Giles	$\max(x + y - 1, 0)$	$\min(x + y, 1)$
Weber	x si $y = 1$ y si $x = 1$ 0, si non	x si $y = 0$ y si $x = 0$ 1, si non
Hamacher $\gamma > 0$	$\dfrac{xy}{\gamma + (1 - \gamma)(x + y - xy)}$	$\dfrac{x + y - (2 - \gamma)xy}{1 - (1 - \gamma)xy}$
Dubois et Parade $\alpha \in [0, 1]$	$\dfrac{xy}{\max(x, y, \alpha)}$	$\dfrac{x + y - xy - \min(x, y, 1 - \alpha)}{\max(1 - x, 1 - y, \alpha)}$

Tableau 2.1. *Principales T-normes et T-conormes.*

Supposons qu'on a défini deux ensembles flous A et B avec leurs fonctions d'appartenance μ_A et μ_B (voir Figure 2.7).

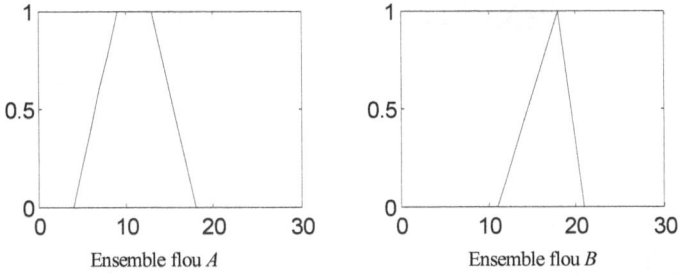

Figure 2.7. *Représentation de deux ensembles flous A et B.*

L'application de deux T-normes (opérateur min et opérateur produit) donne les ensembles flous présentés Figure 2.8.

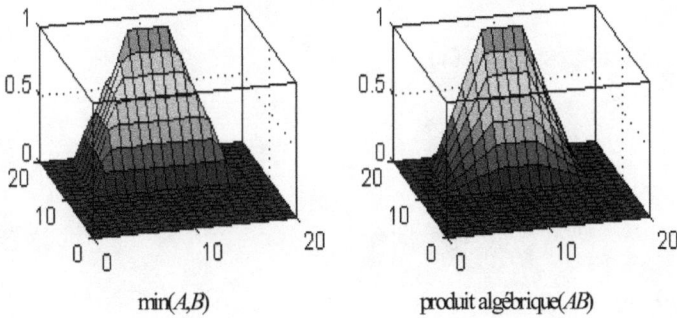

Figure 2.8. *représentation graphique 3D d'un T-norme min (A,B), et d'un T-norme (A.B).*

L'application de deux T-conormes (opérateur max et opérateur réalisant la somme algébrique ($A+B-AB$)), donne les ensembles flous présentés Figure 2.9.

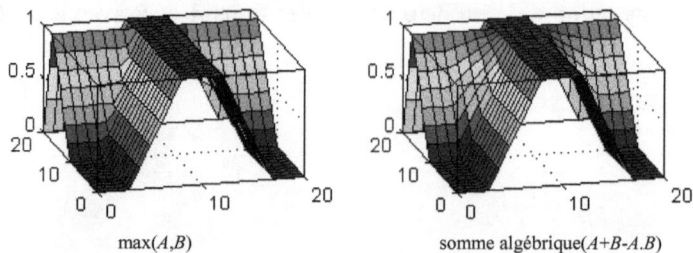

max(A,B)   somme algébrique(A+B-A.B)

Figure 2.9. *Représentation graphique en 3D d'un T-conorme max (A,B) et d'un T-conorme (A+B-A.B).*

2.2.5 Principe d'extension

Le principe d'extension a été introduit par Zadeh en 1975 et constitue l'un des concepts les plus importants de la théorie des ensembles flous. Le principe d'extension est défini de la façon suivante: étant donné un sous-ensemble flou A de X et une application ξ de X vers Y, le principe d'extension permet de définir un sous-ensemble flou B de Y associé à A par l'intermédiaire de ξ, $\forall y \in Y$ on peut écrire:

$$\mu_B(y) = \sup_{\{x \in X \,/\, y=\xi(x)\}} \mu_A(x)$$

$$\text{si } \xi^{-1}(\{y\}) \neq \emptyset \tag{2.6}$$

et

$$\mu_B(y) = 0$$

$$\text{si } \xi^{-1}(\{y\}) = \emptyset \tag{2.7}$$

2.3. Relations floues

Parmi les concepts flous les plus importants du point de vue des applications qu'ils peuvent avoir, on peut noter les relations floues. En effet, elles mettent en évidence des liaisons imprécises ou graduelles entre éléments d'un même ensemble (Zadeh, 1971). Jusqu'à présent, on n'a considéré que des ensembles flous monodimensionnels. Par ailleurs, lorsque ceux-ci deviennent multidimensionnels, leur fonction d'appartenance est aussi communément appelée relation floue. Une relation floue R définie sur le produit cartésien $X_1 \times ... \times X_r$ est un ensemble flou (r-dimensionnel) et est notée dans les cas discret et continu par, respectivement:

$$R = \sum_{X_1 \times .. \times X_r} \mu_R(x_1,...,x_r)/(x_1,...,x_r) \qquad (2.8)$$

et

$$R = \int_{X_1 \times .. \times X_r} \mu_R(x_1,...,x_r)/(x_1,...,x_r) \qquad (2.9)$$

2.3.1. Produit cartésien

On considère plusieurs ensembles flous $A_1,...,A_r$, respectivement définis sur $X_1,...,X_r$, on définit leur produit cartésien $A = A_1 \times ... \times A_r$, comme un ensemble flou global multidimensionnel, de fonction d'appartenance, soit:

$$\forall x = (x_1,...,x_r) \in X, \mu_A(x) = \min(\mu_{A_1}(x_1),...,\mu_{A_r}(x_r)) \qquad (2.10)$$

La Figure 2.10 montre le produit cartésien de deux ensembles flous A et B.

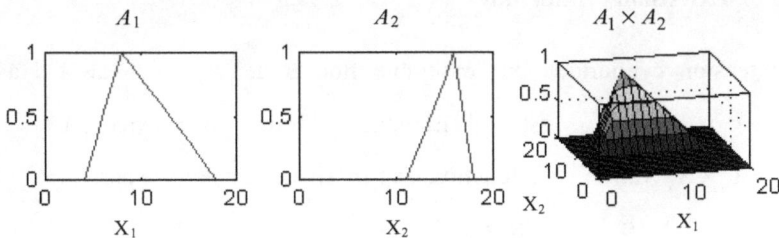

Figure 2.10. *représentation graphique du Produit cartésien de A_1 et de A_2.*

2.3.2. Projection

Inversement, la connaissance d'une caractérisation floue globale, définie sur un univers complexe, permet à l'aide d'une projection mathématique, d'obtenir des informations sur chacune des différentes composantes de cet univers.

Soit un ensemble flou A défini sur un univers $X = X_1 \times X_2$. La projection de A sur X_1 est définie par:

$$\forall x_1 \in X_1, \ \mu_{proj(A;X_1)}(x_1) = \sup_{x_2 \in X_2}\left[\mu_A(x_1,x_2)\right]$$

On définit de la même façon la projection de A sur X_2.

La Figure 2.11 montre la projection d'un ensemble flou bidimensionnel.

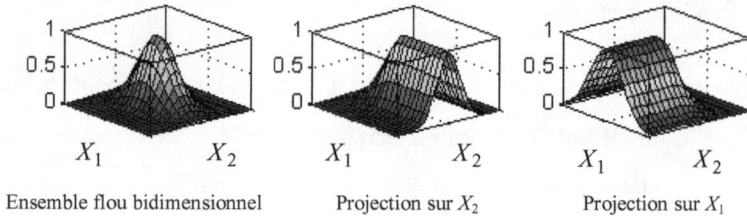

Ensemble flou bidimensionnel	Projection sur X_2	Projection sur X_1

Figure 2.11. *Exemple de projection d'un ensemble flou bidimensionnel.*

2.3.3. Extension cylindrique

L'extension cylindrique de l'ensemble flou B de $X_a \times X_b \times ... \times X_k$, avec $1 \le a < b... < k \le r$, est l'ensemble flou $B^e = \text{extc}(B; X)$ de $X = X_1 \times X_2 \times ... \times X_r$. Sa fonction d'appartenance est donnée par:

$$\forall x = (x_1,...,x_r) \in X, \ \mu_{B^e}(x) = \mu_B(x_a,...,x_k)$$

Un exemple d'extension cylindrique d'un ensemble flou est donné Figure 2.12.

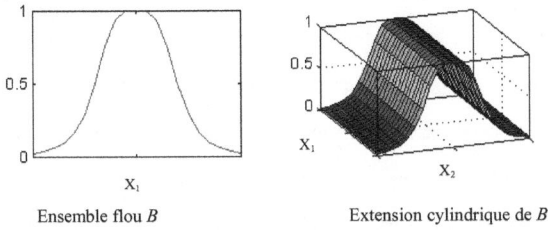

Ensemble flou B   Extension cylindrique de B

Figure 2.12. *Exemple d'extension cylindrique.*

2.3.4. Composition de relations floues

Considérons trois ensembles flous X, Y et Z. La connaissance de deux relations floues, l'une entre X et Y et l'autre entre Y et Z permet d'établir une relation entre X et Z.

Soient R_1 et R_2 deux relations floues définies respectivement sur $X \times Y$ et $Y \times Z$. La composition de ces deux relations donne une relation floue $R = R_1 \circ R_2$ sur $X \times Z$ de fonction d'appartenance définie par:

$$\forall\, (x,z) \in X \times Z,\ \mu_R(x,z) = \sup_{y \in Y} \min\big(\mu_{R_1}(x,y), \mu_{R_2}(y,z)\big)$$

Il s'agit de la composition sup-min proposée par Zadeh (Zadeh, 1971). Il est cependant possible de remplacer l'opérateur min par un autre opérateur T-norme. La relation floue $R = R_1 \circ R_2$ est ainsi définie comme la projection sur $X \times Z$ de l'intersection $R_1^e \cap R_2^e$ des extensions cylindriques de R_1 et R_2.

$$R = R_1 \circ R_2 = \mathrm{proj}\big(\mathrm{extc}(R_1, X \times Y) \cap \mathrm{extc}(R_2, Y \times Z); X \times Z\big)$$

2.4. Proposition floue

L'association de sous-ensembles flous à des termes linguistiques définis sur un univers de discours quelconque, autorise la représentation d'informations plus ou moins spécifiques et précises.

73

Une variable linguistique peut être définie comme l'association d'une variable classique (par exemple, la température mesurée par un capteur) et de plusieurs sous-ensembles flous caractérisant les valeurs possibles de celle-ci. On appelle alors proposition floue élémentaire une proposition du type "la température est froide", où "température", est une variable linguistique et "froide", et un sous-ensemble flou A. Une telle proposition possède un degré de vérité $\mu_A(x)$, compris entre 0 et 1, où μ_A est la fonction caractéristique de A et x est la valeur réelle de la variable température (voir Figure 2.13).

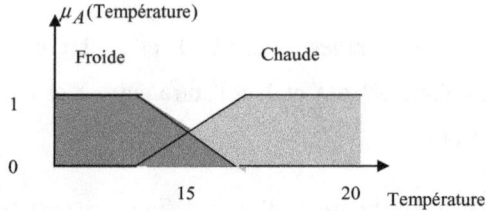

Figure 2.13. *Fonctions caractéristiques de deux ensembles flous froide et chaude.*

Ces propositions floues peuvent être combinées à l'aide d'opérateurs logiques binaires : conjonction (T-normes) et disjonction (T-conormes). L'opérateur d'implication permet d'introduire la notion de règle floue qui caractérise les relations de dépendance entre plusieurs propositions floues quelconques; les relations (VL_1 est A_1) et (VL_2 est A_2) impliquent (VL_3 est B), où VL_1, VL_2 et VL_3 sont des variables linguistiques et A_1, A_2 et B sont des sous-ensembles flous. Cette règle peut également être exprimée sous une forme plus classique: Si (VL_1 est A_1) et (VL_2 est A_2), alors (VL_3 est B).

Dans cette dernière formulation, la partie (VL_1 est A_1) et (VL_2 est A_2) est appelée prémisse de la règle et la partie (VL_3 est B) est appelée conclusion.

2.5. Système d'inférence flou

La notion de règle floue permet de définir un système expert flou comme une extension d'un système expert classique, en manipulant des propositions floues. L'une des principales applications de ce type de système concerne le domaine de la commande. En effet, il est facile, en définissant des sous-ensembles flous sur les variables d'état du système ainsi que sur les variables de commande, de traduire la connaissance que peut avoir un expert humain sur la manière dont le système doit être commandé (Bühler, 1993).

Un système de commande floue, tel qu'il est défini par Mamdani (Mamdani, 1974), comporte trois étapes principales; ceci est illustré dans la structure de commande floue donnée Figure 2.14.

Comme mentionné dans la Figure 2.14, un système de commande floue est constitué de trois étapes, à savoir: fuzzification, inférence des règles et défuzzification.

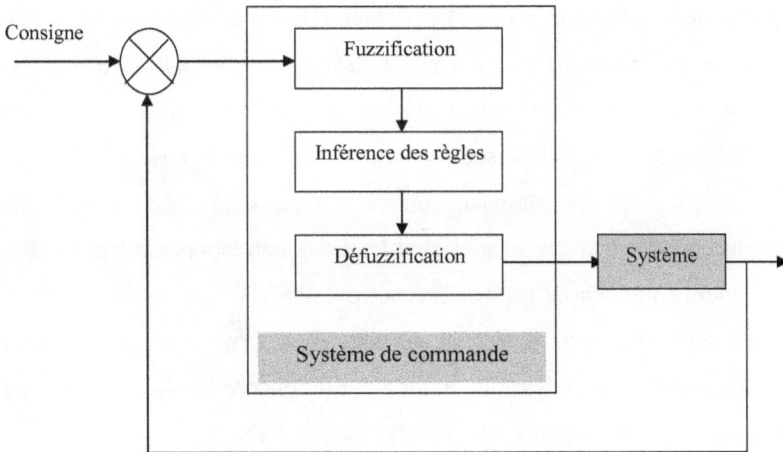

Figure 2.14. *Structure de commande floue.*

E1. La fuzzification consiste à associer à chaque valeur d'entrée un ou plusieurs sous-ensembles flous ainsi que les degrés d'appartenance associés. Cette étape réalise la transformation de valeurs numériques en informations symboliques floues;

E2. L'étape d'inférence consiste à calculer le degré de vérité des différentes règles du système, en utilisant les formules données précédemment, et à associer à chacune de ces règles une valeur de sortie. Cette valeur de sortie dépend de la partie conclusion des règles qui peut prendre plusieurs formes. Il s'agit d'une proposition floue, et l'on parlera dans ce cas de règle de type Mamdani: Si ... alors Y est B.

Il peut également s'agir d'une fonction réelle des entrées, et l'on parlera dans ce cas de règle de type Sugeno: Si ... alors Y est $f(x_1, x_2, ..., x_n)$, où, $x_1, x_2, ..., x_n$ sont les valeurs réelles des variables d'entrée.

Dans ce dernier cas, la valeur de sortie de la règle est tout simplement donnée par: degré de vérité de la prémisse $\times f(x_1, x_2, ..., x_n)$.

E3. La défuzzification a pour but l'obtention d'une valeur numérique pour chaque variable de sortie à partir des valeurs de sortie des différentes règles. Dans le cas de règles de type Sugeno, le calcul se fait simplement par une somme normalisée des valeurs associées aux règles. Dans le cas de règles de type Mamdani, une valeur numérique doit être obtenue à partir de l'union des sous-ensembles flous correspondant aux différentes conclusions. Parmi les nombreuses possibilités pour réaliser cette étape, on peut citer, entre autres, la méthode du centre de gravité, la moyenne des maxima, la bissectrice de la zone ou encore le plus petit ou le plus grand maximum, qui sont présentés Figure 2.15.

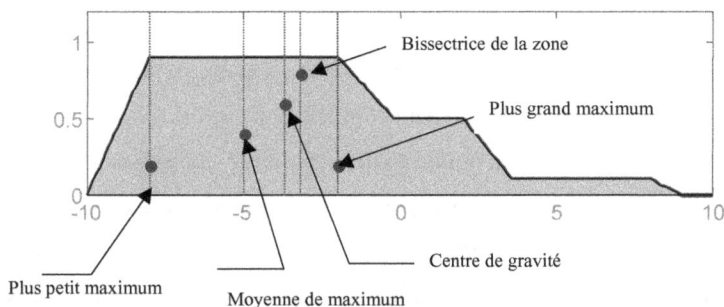

Figure 2.15. *Méthodes de défuzzification à partir de plusieurs sous-ensembles flous.*

2.6. Modélisation Floue

Lors de la commande d'un système, en se basant sur un schéma de commande conventionnelle, on est amené à le décrire par un modèle mathématique. Cependant, l'élaboration de ce modèle mathématique peut présenter des difficultés de mise en œuvre, en particulier dans le cas de systèmes complexes (non stationnaires, non linéaires, etc.). De nombreuses solutions numériques ont été proposées au cours de ces dernières décennies. Une des méthodes les plus connues pour traiter un système non linéaire consiste à linéariser celui-ci autour de points d'équilibres et ensuite, appliquer les techniques de l'automatique linéaire dans chaque zone linéaire. Cette décomposition permet la détermination de contrôleurs linéaires par morceaux.

Une extension de cette méthode consiste à linéariser le comportement du système non seulement autour de points d'équilibres mais aussi dans tout l'espace d'état (ou bien dans tout l'espace entrées-sorties). Des modèles linéaires par morceaux en sont déductibles (Borne *et al.*, 1998). Dans cet objectif, les techniques de modélisation ne résolvent pas toujours les problèmes de sélection de la partition de l'espace d'état ou les problèmes de continuité lors de la transition entre deux modèles linéaires locaux. Pour surmonter ces difficultés, on peut opter pour une modélisation non mathématique (i.e., qualitative), en utilisant, par exemple, les concepts de la logique floue. Le modèle qui peut résulter, dans ce cas, est de type qualitatif, du fait qu'il peut se caractériser par un ensemble d'expressions linguistiques (règles de décision, etc.) basées sur une connaissance d'experts (voir, e.g., Takagi et Sugeno, 1985; Shehu *et al.*, 2000). Ainsi, pour la commande de systèmes complexes, la formulation de la loi de commande peut être menée en incluant les techniques de la logique floue (voir, Takagi et Sugeno, 1985).

L'application de la logique floue dans la commande des systèmes a été faite initialement par Mamdani (Mamdani, 1974).

On considère des modèles flous de type Takagi-Sugeno. Dans ce cas, on parlera de règle de type Sugeno, où la sortie de la règle est une combinaison linéaire de ses entrées.

Si x_1 est A_1 et...et x_n est A_n , alors $y = a_1 x_1 + ... + a_n x_n$

Si on dispose des connaissances *a priori* sur le système, alors une partition floue initiale de l'espace d'état peut être proposée. Ensuite, on détermine un ensemble de règles optimisables.

Cette démarche s'avère difficile pour de nombreux problèmes complexes multivariables. En effet, il est parfois préférable, comme pour l'identification conventionnelle, de déduire un modèle flou à partir d'un jeu de données (entrées-sorties) qui couvre tout le domaine de fonctionnement du système.

Dans ce contexte, plusieurs techniques de modélisation ont été développées, notamment les techniques de clustering (voir, e.g., Nicoloas *et al.*, 1997; Babuska, 1998; Shehu *et al.*, 2000) et la modélisation par ajouts successifs de fonctions d'appartenance (Bortolet, 1998). Une autre démarche de modélisation consiste à extraire la base de connaissance (les règles d'inférences floues) à partir d'un modèle neuronale (voir, e.g., Andrews *et al.*,

1995; Blanco et al., 1995; Setiono et Liu, 1997; Fahn et Chern, 1999). Les systèmes hybrides neuro-flous multicouches ont été aussi utilisés pour la modélisation des systèmes complexes. Pour cela, un réseau multicouches est utilisé, pour lequel chaque couche correspond à la réalisation d'une étape d'un système d'inférence flou (voir, e.g., Chiang et Gader, 1997; Altug *et al.*, 1999).

Dans ce qui suit, on développera la méthode de clustering appliquée à la modélisation des systèmes d'inférences flous. On présentera par la suite une étude détaillée sur l'approche hybride neuro-floue. Enfin, on présentera une nouvelle méthode de modélisation basée sur les automates à apprentissage.

2.6.1. Méthode de clustering floue (Fuzzy C-means)

L'objectif de cette méthode est l'approximation d'un système non linéaire par un modèle flou de type Takagi-Sugeno. En effet, un modèle flou est déterminé à partir des données numériques issues du système à modéliser. Pour les systèmes stables, les données numériques peuvent être générées en boucle ouverte. On cherche à déterminer des règles de type Takagi-Sugeno. Comme prémisses, on peut choisir des fonctions d'appartenance gaussiennes. On adopte la distribution floue de Ruspini (pour tout point x_0 d'un domaine de référence X, la somme des fonctions d'appartenance au point x_0 égale à 1). La méthode de clustering permet la modélisation d'un système à l'aide de modèles locaux définis pour des clusters de formes sphériques dans le domaine des variables d'entrées. En effet, les données issues du système réel sont regroupées sous forme de sphère disjointes (cluster) (voir Figure 2.16). Le nombre de clusters est fixé *a priori* par l'utilisateur. A chaque cluster correspond théoriquement un fonctionnement homogène du système sous forme d'un modèle linéaire local.

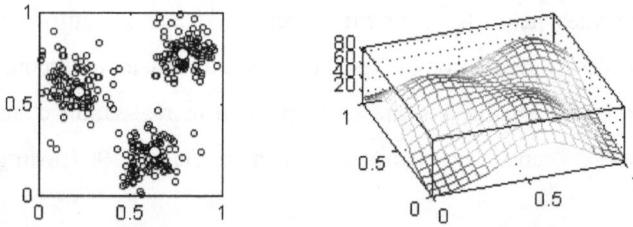

Figure 2.16. *Trois clusters identifiés par la méthode de clustering.*

Algorithme C-mean

Soit un ensemble de référence fini $\mathcal{X}$ formé de N vecteurs de dimension n; $\mathcal{X} = \{\mathbf{x}_1, ..., \mathbf{x}_N\}$; $\mathbf{x}_i \in \Re^n$, $1 \leq i \leq N$. On considère $\mathcal{V} = \{\mathbf{v}_1, ..., \mathbf{v}_c\}$; $\mathbf{v}_j \in \Re^n$; $1 \leq j \leq c$ un ensemble de c points prototypes de $\mathcal{X}$. La méthode de clustering est basée sur l'affectation des vecteurs de données $\mathbf{x}_i \in \mathcal{X}$ en c clusters, qui sont présentés par leurs prototypes $\mathbf{v}_j \in \Re^n$. La certitude d'affectation d'un vecteur $\mathbf{x}_i \in \mathcal{X}$ pour les différents clusters est mesurée par les fonctions d'appartenance:

$$\mu_j(\mathbf{x}_i) = \mathrm{u}_{ij} \in [0,1], \quad 1 \leq j \leq c \qquad (2.11)$$

$$\text{avec} \sum_{j=1}^{c} \mathrm{u}_{ij} = 1$$

Autrement dit, la matrice $\mathrm{U} = [\mathrm{u}_{ij}] \in \mathcal{U}$ est une matrice de partition floue de l'ensemble des données $\mathcal{X}$ dans l'ensemble $\mathcal{U}$, défini par:

$$\mathcal{U} = \left\{ \mathrm{U} \in \Re^{Nc} / \mathrm{u}_{ij} \in [0,1], \forall i, j; \sum_{j=1}^{c} \mathrm{u}_{ij} = 1, \ \forall i; 0 < \sum_{i=1}^{N} \mathrm{u}_{ij} < N, \forall j \right\} \qquad (2.12)$$

La matrice U est une matrice $(N \times c)$, où N représente le nombre de vecteurs de données $\mathbf{x}_i \in \mathcal{X}$.

L'algorithme C-mean est développé pour résoudre le problème de minimisation suivant:

$$\min_{U \times IR^{nc}} \left\{ J_{m_0}(U, \mathcal{V}) = \sum_{i=1}^{N} \sum_{j=1}^{c} (u_{ij})^{m_0} \left\| \mathbf{x}_i - \mathbf{v}_j \right\|^2 \right\}$$

$$1 < m_0 < \infty$$

(2.13)

$\mathcal{V} = [\mathbf{v}_1, \mathbf{v}_2, ..., \mathbf{v}_c]$ est initialisé aléatoirement ou selon la connaissance experte du système.

Soient les ensembles $\mathcal{I}_i = \left\{ j / 1 \le j \le c ; \left\| \mathbf{x}_i - \mathbf{v}_j \right\|^2 = 0 \right\}$; leurs compléments $\overline{\mathcal{I}_i} = \{1, 2..., c\} - \mathcal{I}_i$.

Si $\mathcal{I}_i \ne \emptyset$, alors, $u_{ij} = 0, \forall j \in \overline{\mathcal{I}_i}$, et $\sum_{j \in \mathcal{I}_i} u_{ij} = 1, \forall i$. Si $\mathcal{I}_i = \emptyset$, alors la solution $(U, \mathcal{V})$ est donnée par:

$$u_{ij} = \left[\sum_{l=1}^{c} \left(\frac{\left\| \mathbf{x}_i - \mathbf{v}_j \right\|^2}{\left\| \mathbf{x}_i - \mathbf{v}_l \right\|^2} \right)^{2/(m_0-1)} \right]^{-1}$$

(2.14)

avec $1 \le i \le N; \quad 1 \le j \le c$

et

$$\mathbf{v}_j = \frac{\sum_{i=1}^{N} (u_{ij})^{m_0} \mathbf{x}_i}{\sum_{i=1}^{N} (u_{ij})^{m_0}}$$

(2.15)

avec $1 \le j \le c$

m_0 étant le degré de pondération, qui définit le degré d'appartenance flou de chaque cluster. Le paramètre flou m_0 affecte directement la forme des clusters dans l'espace des données du système. Il n'y a pas de règles pour

81

fixer la valeur de m_0 car il n'existe pas de base théorique pour l'optimisation de ce paramètre. Cela permet de mettre en valeur l'ambiguïté existante dans l'ensemble à classer ou, au contraire, de l'atténuer. Le degré de pondération m_0 interfère sur deux caractéristiques de l'algorithme: la rapidité de convergence décroît avec l'augmentation de m_0, en même temps que l'apport de chaque élément dans le calcul des centres des classes décroît. Pour les valeurs de m_0 supérieures à 2, les partitions tendent, lorsque m_0 croît, vers le centre de gravité de l'espace des partitions floues, ce qui n'offre pas de réel intérêt. Pour les valeurs de m_0 proches de 1, les degrés d'appartenance sont très stricts (proches des valeurs binaires) et ne traduisent pas l'ambiguïté d'affectation des formes $\mathcal{X}$. Enfin, les valeurs de m_0 prises dans l'intervalle [1.5, 2] permettent d'obtenir des résultats intéressants et d'interprétation aisée. Ce paramètre est communément initialisé à une valeur entre 1.5 et 2.

Le nombre d'itérations de l'algorithme C-mean augmente avec la précision demandée sur les valeurs des centres (ou des degrés d'appartenance, si le test d'arrêt est fait en fonction de celles-ci):

$$\left\| U^{i+1} - U^i \right\| < \delta \tag{2.16}$$

avec $\delta > 0$ la tolérance d'arrêt de l'algorithme.

La convergence de l'algorithme vers un minimum local est assurée quelle que soit la configuration initiale choisie, à condition que plusieurs centres ne soient pas initialisés aux mêmes valeurs.

La Figure 2.17 représente quatre clusters fictifs définis par leurs centres dans un espace à deux dimensions. Si la variable m_0 prend la valeur 1.02, la forme des degrés d'appartenance à chaque cluster est très raide. La logique de commutation est presque booléenne.

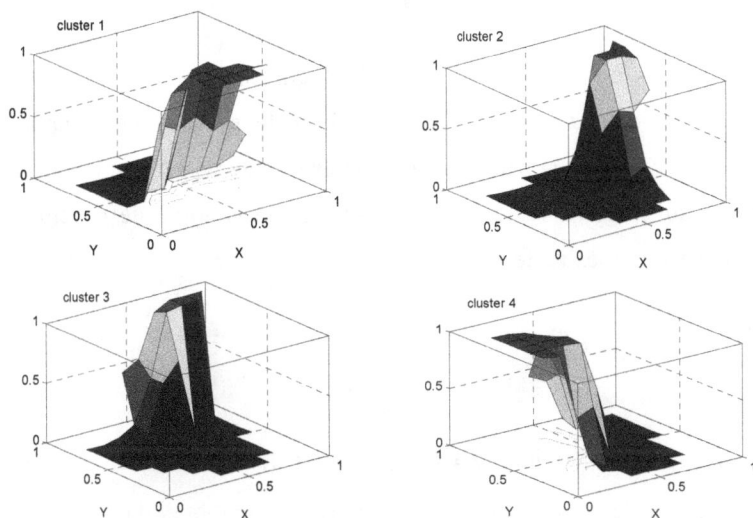

Figure 2.17. *Représentation des degrés d'appartenance des quatre clusters pour* $m_0=1.02$.

La Figure 2.18 représente l'évolution des degrés d'appartenance des variables d'entrée aux mêmes clusters, mais pour la valeur $m_0 = 2$.

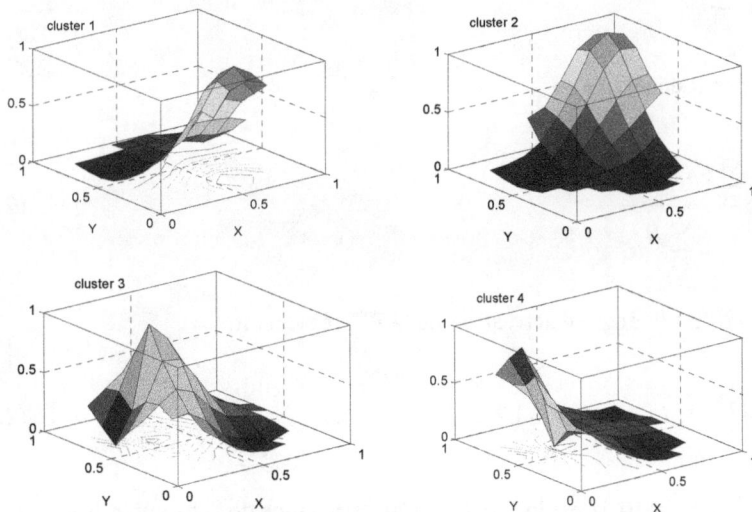

Figure 2.18. *Représentation des degrés d'appartenance des quatre clusters pour* $m_0=2$.

Application de l'algorithme C-mean

Considérons le système de la Figure 1.24, qui est destiné pour l'arrosage d'un champ agricole. On cherche à modéliser le système de remplissage et d'évacuation d'eau du bac 1 par un modèle flou de type Takagi-Sugeno. Dans ce cas, on parle de règles de type Sugeno, où la sortie de la règle est une combinaison linéaire de ses entrées. Soit:

$$R^i : \text{ Si } x_1 \text{ est } A_{i1} \text{ et...et } x_n \text{ est } A_{in} \text{ , alors : } y_i = \mathbf{a}_i \mathbf{x} + b_i \qquad i = 1,...,K$$

(2.17)

où R^i est la $i^{\text{ème}}$ règle, $\mathbf{x} = [x_1,...,x_n]^T$ est le vecteur d'entrée, $A_{i1},...,A_{in}$ représentent les ensembles flous et y_i est la variable de la sortie de la $i^{\text{ème}}$ règle. K étant le nombre de règles.

La sortie estimée du modèle flou est donnée par l'expression suivante:

$$\hat{y} = \frac{\sum_{i=1}^{K} \beta_i y_i}{\sum_{i=1}^{K} \beta_i}$$

(2.18)

qui s'écrit encore:

$$\hat{y} = \frac{\sum_{i=1}^{K} \beta_i (\mathbf{a}_i \mathbf{x} + b_i)}{\sum_{i=1}^{K} \beta_i}$$

(2.19)

avec β_i est le degré d'activation de la $i^{\text{ème}}$ règle, soit:

$$\beta_i = \prod_{j=1}^{n} \mu_{A_{ij}}(x_j), \qquad i = 1,2,...,K$$

(2.20)

$\mu_{A_{ij}}(x_j) : \Re \rightarrow [0, 1]$ est la fonction d'appartenance de l'ensemble flou A_{ij}.

Pour identifier le modèle (2.17), on construit la matrice de régression $\mathbf{X}$ et le vecteur de la sortie $\mathbf{Y}$ à partir des mesures issues du système. Soient:

$$\mathbf{X}^{\mathrm{T}} = [\mathbf{x}_1,...,\mathbf{x}_N] \tag{2.21}$$

$$\mathbf{Y}^{\mathrm{T}} = [y_1,...,y_N] \tag{2.22}$$

avec $N \gg n$ est le nombre de mesures utilisées pour l'identification.

Le but de la modélisation est de déterminer une fonction inconnue: $\mathbf{Y} = F(\mathbf{X})$ à partir des mesures issues du système, où F est le modèle flou (2.17). La détermination de F se fait en deux étapes:

E1. on commence tout d'abord par appliquer l'algorithme de clustering C-means, afin de calculer la matrice de partition floue U.

E2. on estime ensuite les paramètres $\mathbf{a}_i$ et b_i. En effet, la méthode de défuzzification utilisée dans le modèle de Takagi-Segeno, est linéaire par rapport aux paramètres $\mathbf{a}_i$ et b_i (voir équation 2.19). Cependant, ces paramètres peuvent être estimés en utilisant les techniques des moindres carrées. Soit $\theta_i^{\mathrm{T}} = [\mathbf{a}_i^{\mathrm{T}};b_i]$ le vecteur des paramètres de la $i^{\text{ème}}$ règle et soit $\mathbf{X}_e = [\mathbf{X},1]$ une extension de la matrice $\mathbf{X}$. Notons que $\Gamma_i \in \Re^{N \times N}$ est une matrice diagonale qui contient les degrés d'activations $\beta_i(\mathbf{x}_j) > 0$, avec $1 \leq j \leq N$. En utilisant la méthode des moindres carrées pondérées, la solution de $\mathbf{Y} = \mathbf{X}_e \theta + \varepsilon$ est donnée par l'expression suivante:

$$\theta_i = [\mathbf{X}_e^{\mathrm{T}} \Gamma_i \mathbf{X}_e]^{-1} \mathbf{X}_e^{\mathrm{T}} \Gamma_i \mathbf{Y} \tag{2.23}$$

La Figure 2.19 présente l'ensemble des mesures issues du système pour les affecter à des clusters. La Figure 2.20 représente les données pour valider le modèle flou obtenu.

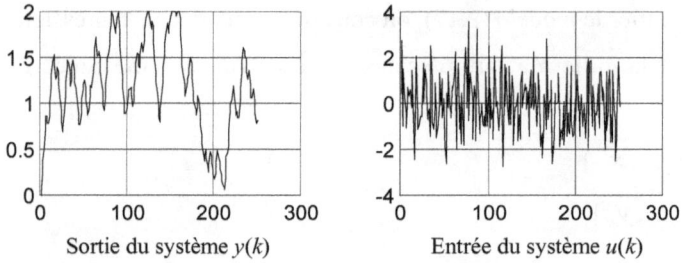

Figure 2.19. *Vecteurs de données destinés pour l'affectation en cinq clusters.*

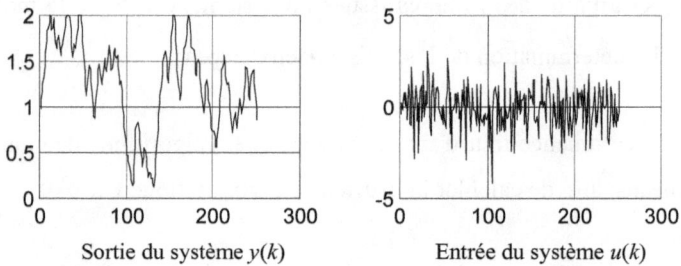

Figure 2.20. *Vecteurs de données destinés pour la validation du modèle.*

Dans cet exemple, le vecteur d'entrée du modèle flou est donné par:

$$\mathbf{x}(k) = [y(k), y(k-1), u(k), u(k-1)] \tag{2.24}$$

La sortie du modèle est $y(k+1)$. Le nombre de clusters est fixé à cinq; ce qui donne cinq règles floues de type Takagi-Segeno. Soit:

$$R^i : \text{ Si } y(k) \text{ est } A_{i1} \text{ et } y(k-1) \text{ est } A_{i2} \text{ et } u(k) \text{ est } A_{i3} \text{ et } u(k-1) \text{ est } A_{i4}, \text{ alors:}$$
$$y(k+1) = y_i = a_{i1}y(k) + a_{i2}y(k-1) + a_{i3}u(k) + a_{i4}u(k-1) + b_i$$

$$(2.25)$$

A chaque cluster correspond théoriquement un fonctionnement homogène du système sous la forme d'un modèle linéaire local. Ces modèles linéaires sont représentés par les conclusions des règles. En prenant le degré de pondération $m_0 = 2$, on obtient la matrice $\mathcal{V}$ des centres des différents clusters:

$$\mathcal{V} = \begin{bmatrix} 0.9367 & 1.0337 & 1.1666 & -1.2936 \\ 1.0563 & 1.1583 & -1.1881 & -1.0172 \\ 1.1285 & 1.1154 & -0.0218 & 0.0090 \\ 1.2444 & 1.1372 & 0.8627 & 1.0153 \\ 1.5361 & 1.4413 & -1.0211 & 1.0807 \end{bmatrix}$$

Les paramètres des modèles linéaires locaux relatifs à chaque règle sont déterminés en utilisant la méthode des moindres carrées. Soient:

$$\begin{cases} Règle\,1: \hat{y}_1(k+1) = 0.990\,y(k) - 0.073\,y(k-1) + 0.074u(k) - 0.003u(k-1) - 0.020 \\ Règle\,2: \hat{y}_2(k+1) = 0.993\,y(k) - 0.061\,y(k-1) - 0.006u(k) + 0.002u(k-1) - 0.050 \\ Règle\,3: \hat{y}_3(k+1) = 1.763\,y(k) - 0.764\,y(k-1) + 0.093u(k) + 0.091u(k-1) + 0.007 \\ Règle\,4: \hat{y}_4(k+1) = 0.952\,y(k) - 0.027\,y(k-1) - 0.014u(k) + 0.005u(k-1) + 0.247 \\ Règle\,5: \hat{y}_5(k+1) = 0.989\,y(k) - 0.045\,y(k-1) + 0.043u(k) + 0.007u(k-1) + 0.122 \end{cases}$$

La Figure 2.21 représente le système original et le modèle flou obtenu par l'algorithme C-mean.

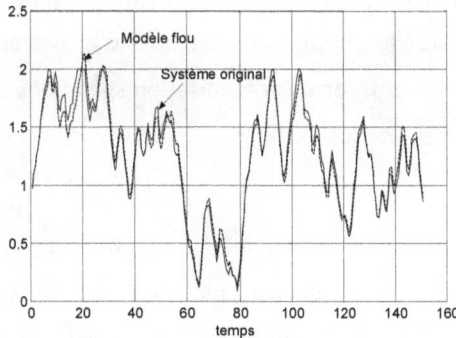

Figure 2.21. *Système original et modèle flou.*

2.6.2. Méthode neuro-floue

L'utilisation conjointe des méthodes neuronale et floue dans des systèmes hybrides permet de tirer avantage des qualités de l'une et de l'autre, principalement les capacités d'apprentissage des méthodes neuronales et la lisibilité et la souplesse des éléments manipulés par les méthodes floues. En effet, la logique floue permet une spécification rapide des tâches à accomplir à partir de la connaissance symbolique disponible. Le réglage précis du système obtenu et l'optimisation de ses différents paramètres reste néanmoins beaucoup plus difficile dans de nombreux cas. Au contraire, les réseaux de neurones n'autorisent pas l'incorporation de connaissance *a priori* mais permettent de régler par apprentissage le comportement précis du système.

De nombreux auteurs ont donc cherché à combiner ces deux méthodes depuis le début des années 90, et ceci sous diverses formes (voir e.g., Yamaguchi *et al.*, 1992; Chiang et Gader, 1997; Juang et Lin, 1998; Altug *et al.*, 1999; Zhang et Morris, 1999).

On s'intéresse ici à l'étude des approches permettant de représenter, sous forme de réseau de neurones artificiels, les règles d'un système d'inférence flou. Cependant, l'architecture du réseau dépend du type de règles et des méthodes d'inférence, d'agrégation et de défuzzification choisies. En effet, cette technique consiste à utiliser des fonctions d'activation particulières pour les unités du réseau, ainsi qu'une organisation spécifique de ces dernières, et ce, afin de reproduire les différents éléments constitutifs d'un système d'inférence flou.

La structure du réseau choisi est liée à la forme de la fonction que l'on cherche à approcher. Les dépendances entre les variables d'entrée et de sortie sont en effet spécifiées par le choix des règles floues. Les différents paramètres de ces règles (i.e., forme et position des sous-ensembles flous, sortie et poids des règles) peuvent ensuite être modifiés par un algorithme d'apprentissage supervisé de façon à minimiser l'erreur de prédiction commise par le système de règles floues. Cet apprentissage, tout à fait semblable à celui que subit un réseau de neurones, a fait qualifier la méthode de "neuro-floue". Cette analogie est renforcée par le fait que l'on peut donner à un ensemble de règles floues une représentation graphique ressemblant à celle d'un réseau de neurones.

En effet, si on regarde cette approche du point de vue de la logique floue, elle permet de régler de manière précise, par apprentissage, le comportement du système réalisé. Si au contraire on regarde cette approche du point de vue réseau de neurones, la présence des informations sous forme de règles floues permet de choisir l'architecture du réseau en fonction de la tâche à accomplir.

On retrouve dans la littérature principalement deux modèles de RNA utilisés pour le codage de systèmes d'inférences floues: les réseaux à fonctions de base radiales et les réseaux multicouches.

Réseaux neuro-flous à fonctions de base radiales (RBF)

L'équivalence entre un système d'inférence flou utilisant des règles de type Sugeno et un réseau de type RBF est assez intuitive (voir, e.g., Shehu *et al.*, 2000). Les fonctions gaussiennes définissant les activations des unités d'entrée du réseau peuvent également être utilisées pour représenter les sous-ensembles flous. En effet, le degré de vérité de la prémisse d'une règle ne contenant que l'opérateur T-norme peut être calculé par un neurone caché d'un réseau RBF (voir équation 1.18). La prémisse "Si (X est A) et (Y est B) et (Z est C)" est dans ce cas représentée par un neurone possédant la fonction d'activation suivante:

$$s(x, y, z) = \exp\left(-\frac{(x-c_a)^2}{2\sigma_a^2}\right)\exp\left(-\frac{(y-c_b)^2}{2\sigma_b^2}\right)\exp\left(-\frac{(z-c_c)^2}{2\sigma_c^2}\right) \qquad (2.26)$$

où x, y et z sont respectivement les valeurs des variables X, Y et Z, et $c_a, c_b, c_c, \sigma_a, \sigma_b$ et σ_c sont les paramètres des fonctions d'appartenance des sous-ensembles flous A, B et C.

Si les règles utilisées sont de type Sugeno d'ordre 0, alors leurs conclusions sont tout simplement représentées par les poids des connexions entre la couche cachée et la couche de sortie. Les unités de cette couche utilisent les sorties du système flou et réalisent par leur fonction d'activation une somme normalisée, qui correspond à la défuzzification (méthode de centre de gravité):

$$ y = \frac{\sum_j w_j s_j}{\sum_j s_j} \tag{2.27} $$

où j parcourt toutes les règles, et s_j et w_j représentent respectivement le degré de vérité et la variable de la sortie de chaque règle. Cette équivalence parfaite permet d'étendre l'utilisation des algorithmes d'apprentissage définis pour les réseaux de type RBF aux systèmes d'inférences floues.

Réseaux neuro-flous multicouches

Le réseau neuro-flou consiste à utiliser un réseau de neurones multicouche pour lequel chaque couche correspond à la réalisation d'une étape d'un système d'inférence flou. Une architecture classique est donnée Figure 2.22. Ce réseau comprenant deux entrées $u_1(k)$ et $u_2(k)$, quatre ensembles flous ($A_i, i = 1,...,4$), une seule sortie $\hat{y}(k)$ et deux règles d'inférence flous de type Takagi-Segeno d'ordre 1, soit:

R^1 : Si u_1 est A_1 et u_2 est A_3, alors : $y_1 = a_{11}u_1 + a_{21}u_2 + b_{01}$

R^2 : Si u_1 est A_2 et u_2 est A_4, alors : $y_2 = a_{12}u_1 + a_{22}u_2 + b_{02}$

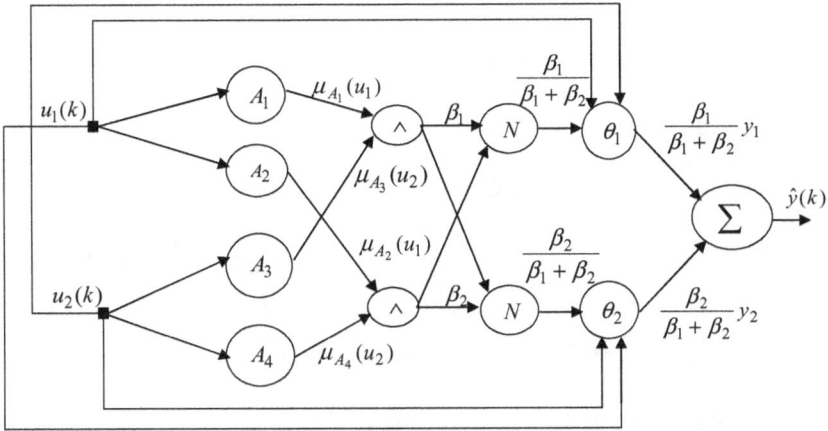

Figure 2.22. *Représentation d'un système d'inférence flou par un réseau de neurones multicouche.*

L'architecture de ce réseau peut être décrite de la manière suivante:

- la première couche calcule les valeurs des fonctions d'appartenance μ_{A_1}, μ_{A_2} pour l'entrée u_1, et μ_{A_3}, μ_{A_4} pour l'entrée u_2. Les fonctions d'appartenance intervenant dans les règles sont considérées comme des paramètres adaptatifs, qui s'ajustent par l'intermédiaire des poids entrant dans la première couche cachée.

- la deuxième couche permet de déterminer les valeurs prises par la conjonction des conditions de chaque règle utilisant un opérateur T-norme adéquat. Les neurones de cette couche sont fixes et ils sont étiquetés par le signe "$\wedge$". Si on choisit comme opérateur T-norme le produit algébrique, alors:

$$\beta_1 = \mu_{A_1}(u_1)\mu_{A_3}(u_2) \tag{2.28}$$

et

$$\beta_2 = \mu_{A_2}(u_1)\mu_{A_4}(u_2) \tag{2.29}$$

91

- la troisième couche sert à la normalisation des sorties de la deuxième couche. Les neurones de cette couche sont fixes.

- la quatrième couche représente les conclusions des règles données par $\frac{\beta_1}{\beta_1 + \beta_2} y_1$ et $\frac{\beta_2}{\beta_1 + \beta_2} y_2$. Ces conclusions dépendent des paramètres des fonctions de Sugeno. Ces paramètres sont ajustables par l'intermédiaire des poids associés à la dernière couche. Les neurones de cette couche sont étiquetés par "θ_i", avec $\theta_i^{\mathrm{T}} = [a_{1i}, a_{2i}, b_{0i}]$.

- la cinquième couche calcule la somme des sorties des neurones de la quatrième couche, soit:

$$\hat{y} = \frac{\beta_1}{\beta_1 + \beta_2} y_1 + \frac{\beta_2}{\beta_1 + \beta_2} y_2 \qquad (2.30)$$

Si on considère maintenant une architecture plus générale qui comporte n entrées, une seule sortie et K règles d'inférence floue, alors la sortie du réseau s'écrit:

$$\hat{y} = \frac{\sum_{i=1}^{K} \prod_{j=1}^{n} \mu_{A_{ij}}(u_j) y_i}{\sum_{i=1}^{K} \prod_{j=1}^{n} \mu_{A_{ij}}(u_j)} \qquad (2.31)$$

ou encore:

$$\hat{y} = \frac{\sum_{i=1}^{K} \beta_i y_i}{\sum_{i=1}^{K} \beta_i} \qquad (2.32)$$

Notons que la première couche comporte autant de neurones qu'il y a de sous-ensembles flous dans le système d'inférence représenté. Chaque unité calcule le degré de vérité d'un sous-ensemble flou défini par sa fonction de transfert. La seule restriction sur le choix de cette fonction concerne sa dérivabilité. En effet, l'utilisation d'un algorithme d'apprentissage de type gradient descendant (e.g., la rétropropagation du gradient) impose l'emploi de fonctions d'activation dérivables pour l'ensemble des unités. On retrouve généralement dans la littérature, l'utilisation de fonctions gaussiennes similaires à celles des réseaux RBF (voir, e.g., Fukuda et Shibata, 1993). Cette architecture conduit à plusieurs types d'algorithmes d'apprentissage supervisé ou semi-supervisé.

Etant donné que les sorties du réseau sont linéaires en fonction des paramètres des conséquences $\theta_i^T = [a_{1i}, a_{2i}, b_{0i}]$ et non linéaires en fonction des paramètres des prémisses (Dans le cas où les fonctions d'appartenance utilisées sont des gaussiennes, ces paramètres sont c_i, σ_i^2 appelés respectivement centres et variances), Jang *et al.* (1995) proposent un algorithme hybride basé sur la minimisation du critère d'erreur suivant:

$$J(k) = \sum_{i=1}^{k} (y(i) - \hat{y}(i, \hat{\theta}(k)))^2 \qquad (2.33)$$

Cet algorithme comporte deux phases:

P1. détermination des paramètres des conséquences (en parcourant le réseau dans le sens direct) en utilisant la méthode classique des moindres carrés ;

P2. calcul des paramètres des prémisses (en parcourant le réseau dans le sens inverse) en utilisant la méthode du gradient descendant.

Si on considère que les fonctions d'appartenance sont des gaussiennes:

$$\mu_{A_{ij}}(u_j) = \exp\left(-\frac{(u_j - c_{ij})^2}{2\sigma_{ij}^2}\right) \qquad (2.34)$$

alors la modification de ces paramètres à chaque itération est donnée par:

$$\Delta c_{ij} = \eta_c \frac{\partial J(k)}{\partial c_{ij}} \qquad (2.35)$$

qui s'écrit encore:

$$\Delta c_{ij} = \eta_c (y - \hat{y})(y_i - \hat{y}) \frac{(u_j - c_{ij})}{\sigma_{ij}^2} \frac{\prod_{j=1}^{n} \mu_{A_{ij}}(u_j)}{\sum_{i=1}^{K} \prod_{j=1}^{n} \mu_{A_{ij}}(u_j)} \qquad (2.36)$$

et

$$\Delta \sigma_{ij} = \eta_\sigma \frac{\partial J(k)}{\partial \sigma_{ij}} \qquad (2.37)$$

qui s'écrit:

$$\Delta \sigma_{ij} = \eta_\sigma (y - \hat{y})(y_i - \hat{y}) \frac{(u_j - c_{ij})^2}{\sigma_{ij}^3} \frac{\prod_{j=1}^{n} \mu_{A_{ij}}(u_j)}{\sum_{i=1}^{K} \prod_{j=1}^{n} \mu_{A_{ij}}(u_j)} \qquad (2.38)$$

où η_c et η_σ sont des coefficients d'apprentissage respectivement des paramètres c_{ij} et σ_{ij}. L'indice i parcourt le nombre de règles et l'indice j parcourt le nombre d'entrées.

L'algorithme de retropropagation, bien que son utilisation dans des problèmes pratiques a donné de bons résultats, ne permet pas l'obtention systématique du minimum global de la surface associée aux erreurs de prédiction. En effet, la plupart des algorithmes d'optimisation classique (déterministes) fournissent, généralement, des solutions vérifiant seulement les conditions d'optimalité du premier ordre, ce qui ne conduit pas toujours au minimum global. Afin d'améliorer la solution optimale, on proposera dans la suite un nouvel algorithme d'optimisation basé sur les automates d'apprentissage.

2.7. Automate d'apprentissage

Comme on l'a montré dans le premier chapitre et notamment dans le paragraphe 2.6 de ce chapitre, que la modélisation des systèmes en utilisant les concepts des réseaux de neurones et de la logique floue se ramène à un problème d'optimisation non linéaire. Dans ce cas le critère considéré consiste en la minimisation des carrés de l'erreur de prédiction, qui est associé à l'ensemble des données ayant servi au cours de l'apprentissage. Etant donné que ce critère est non convexe, l'utilisation des techniques classiques de programmation non linéaire (gradient, Newton, etc..) ne permet pas de donner directement une solution optimale. En effet, la minimisation d'un critère non convexe mène à plusieurs solutions, et ce, en fonction de la condition initiale envisagée. Pour aboutir à une solution adéquate on se propose de développer un nouveau algorithme d'optimisation basé sur les automates d'apprentissage. Notons que, les automates d'apprentissage ont été utilisés pour l'optimisation des fonctions multimodales (voir, e.g., Poznyak *et al.*, 1996). Ils ont été utilisés aussi dans le domaine de la modélisation et de la commande des procédés (voir, e.g., Najim, 1988).

2.7.1. Définitions

Un automate d'apprentissage est défini par le quintuple (A, B, U, F, G) (voir, e.g., Najim *et al.*, 1988). Les ensembles A, B et U représentent respectivement l'ensemble des états internes de l'automate, son ensemble de sorties (ou d'actions) et l'ensemble de ses entrées. Les fonctions F et G désignent les fonctions de transition et de sortie, respectivement. Elles associent, à travers des matrices et à partir de l'entrée et de l'état actuel, le prochain état et la sortie actuelle. Pour les automates déterministes, les matrices de transition et de sortie sont déterministes. Dans le cas où l'une des deux matrices invariantes est stochastique, l'automate est dit stochastique à structure fixe.

Dans la plupart des cas, au cours de ses opérations dans un environnement donné, l'automate est amené à ajuster les éléments stochastiques des matrices de transition ou de sortie; ce genre d'automate est dit stochastique à structure variable. D'ailleurs, l'utilisation d'automates stochastiques à structure variable permet de réduire le nombre d'états en comparaison avec les automates déterministes. On s'intéresse à la description des automates stochastiques à structure variable. Notons que, le fonctionnement d'un tel automate dans un environnement stochastique se fait suivant une boucle de réaction (voir Figure 2.23).

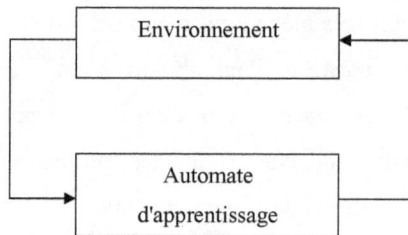

Figure 2.23. *Interaction automate-environnement.*

Un automate stochastique à structure variable est décrit entièrement avec l'ensemble $\{A, B, U, P, R, G\}$, voir Figure 2.24.

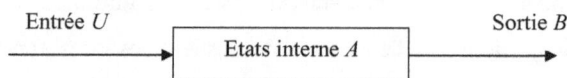

Figure 2.24. *Automate d'apprentissage.*

Soient $A = \{ a_1, a_2, ..., a_s \}$ l'ensemble des états internes, $B = \{ b_1, b_2, ..., b_r \}$ l'ensemble des sorties $r \leq s$ et U l'ensemble des entrées, qui peut être soit binaire $\{0, 1\}$ (on parle dans ce cas d'automate P-modèle), soit une collection de symboles (dans ce cas le modèle est dit Q-modèle). Si l'ensemble d'entrées correspond à l'intervalle $[0, 1]$, alors on parle d'un S-modèle.

Le vecteur de probabilité $P(k) = \{ p_i(k), i = 1, ..., r \}$ gouverne les transitions d'un état à l'autre à chaque instant, où $p_i(k)$ représente la probabilité de l'action b_i.

R étant le schéma de renforcement (ou algorithme d'apprentissage), il calcule $P(k+1)$ à partir de $P(k)$. $G : A \rightarrow B$ représente la fonction de la sortie.

Le fonctionnement de l'automate peut être décrit par le triplet (B, U, C), où B présente l'entrée de l'environnement (sortie de l'automate) et U est la sortie de l'environnement (entrée de l'automate). Dans le cas de P-modèle, 0 correspond à la réponse favorable de l'environnement (récompense) et 1 est la réponse de pénalisation. C étant défini par: $C = \{ c_1, c_2, ..., c_r \}$, les c_i, $i = 1, ..., r$ sont les probabilités de pénalisation. Pour une action b_i, c_i représente la probabilité avec laquelle l'environnement répond avec une pénalisation à cette action (l'action la plus favorable est celle qui correspond à la plus petite valeur de c_i). Si les c_i ne dépendent pas du temps, alors l'environnement est dit stationnaire. Dans le cas contraire, il est dit non stationnaire. Les c_i sont initialement inconnues, si non le problème deviendrait trivial. Dans ce qui suit, on va s'intéresser uniquement aux environnements stationnaires.

2.7.2. Fonctionnement

Si on ne dispose d'aucune information *a priori*, alors les probabilités d'actions sont initialisées à $1/r$. L'automate choisit aléatoirement une action qui est appliquée à l'environnement. Par l'intermédiaire d'une unité d'évaluation de performances, l'environnement juge la qualité de l'action qui lui est appliquée. La réponse de l'environnement influence la mise à jour du vecteur probabilité $P(k)$. L'adaptation de l'automate consiste à favoriser davantage les actions qui améliorent son comportement dans son environnement.

2.7.3. Schéma de renforcement

Le schéma de renforcement (ou algorithme d'apprentissage) est l'algorithme suivant lequel l'adaptation des probabilités est accomplie. Les performances d'un automate d'apprentissage sont affectées par un schéma de renforcement qui, généralement, peut être représenté par:

$$P(k) = R\big(P(k-1), B, U \big) \tag{2.39}$$

où R est un opérateur, B et U représentent respectivement les vecteurs d'action et de sortie de l'automate d'apprentissage.

L'idée de base pour la conception d'un schéma de renforcement est très simple. Si $b_i(k)$ est l'action sélectionnée et si l'entrée de l'automate $u(k) = 0$ (on parle dans ce cas d'entrée de récompense), alors la probabilité $p_i(k)$ est augmentée et les autres composantes du vecteur $P(k)$ sont diminuées. Pour une entrée $u(k) = 1$ (entrée de pénalisation), cette probabilité $p_i(k)$ est diminuée et les probabilités $p_{j \neq i}(k)$ sont augmentées. Parfois, les probabilités peuvent être maintenues à leurs valeurs précédentes. Dans ce cas, on parle d'inaction.

Si l'action à l'instant k est b_i, on a alors:

$$p_j(k+1) = p_j(k) - f_j(P(k)) \tag{2.40}$$

pour $u(k) = 0$ (récompense), $j \neq i$

et

$$p_j(k+1) = p_j(k) + g_j(P(k)) \qquad (2.41)$$

pour $u(k) = 1$ (pénalisation), $j \neq i$

Les fonctions $f_j(P(k))$ et $g_j(P(k))$ représentent les réajustements du vecteur $P(k)$.

L'algorithme de $p_i(k+1)$ est fixé de telle sorte que:

$$\sum_{i=1}^{r} p_i(k+1) = 1 \qquad (2.42)$$

où

$$p_i(k+1) = p_i(k) + \sum_{j \neq i} f_j(P(k)) \qquad (2.43)$$

pour $u(k) = 0$ (récompense)

et

$$p_i(k+1) = p_i(k) - \sum_{j \neq i} g_j(P(k)) \qquad (2.44)$$

pour $u(k) = 1$ (pénalisation)

Selon la nature des opérateurs (linéaires, non linéaires ou hybrides), le schéma de renforcement est dit linéaire si R est linéaire, si non il est dit non linéaire. Parfois, il est avantageux d'adapter $P(k)$ par plusieurs schémas selon les intervalles dans lesquelles le vecteur $P(k)$ évolue. Dans ce cas, le schéma de renforcement est dit hybride.

Schémas de renforcement linéaires

Considérons le schéma linéaire suivant:

Si $b(k) = b_i$, on a alors:

$$\begin{cases} p_i(k+1) = p_i(k) + \alpha(1 - p_i(k)) \\ p_{j \neq i}(k+1) = (1-\alpha)p_j(k) \end{cases} \qquad (2.45)$$

pour $u(k) = 0$, et

$$\begin{cases} p_i(k+1) = (1-\lambda)p_j(k), \\ p_{j \neq i}(k+1) = \dfrac{\lambda}{r-1} + (1-\lambda)p_j(k) \end{cases} \qquad (2.46)$$

pour $u(k) = 1$, avec $0 < \alpha < 1$ et $0 < \lambda < 1$

Pour $\lambda = \alpha$, on a le schéma du type L_{R-P} (Récompense-Pénalisation) qui est pratiquement le premier schéma de renforcement. Pour $\lambda = 0$, on a le schéma du type L_{R-I} (Récompense-Inaction); son inconvénient c'est qu'il ne tient pas compte de la pénalisation de l'environnement.

Schémas de renforcement non linéaires

Utilisons la forme générale du schéma de renforcement présenté par (2.40)-(244), et supposons que: $f_j(P(k)) = \dfrac{\alpha}{r-1} p_i(k)(1 - p_i(k)) = g_j(P(k))$. Si l'action à l'instant k est b_i, on a alors:

$$p_j(k+1) = p_j(k) - \frac{\alpha}{r-1} p_i(k)(1 - p_i(k)) \qquad (2.47)$$

pour $u(k) = 0$ (récompense), $j \neq i$,   et

$$p_j(k+1) = p_j(k) + \frac{\alpha}{r-1} p_i(k)(1 - p_i(k)) \qquad (2.48)$$

pour $u(k) = 1$ (pénalisation), $j \neq i$,

$$p_i(k+1) = p_i(k) + \sum_{j \neq i} \frac{\alpha}{r-1} p_i(k)(1 - p_i(k)) \qquad (2.49)$$

pour $u(k) = 0$ (récompense), et

$$p_i(k+1) = p_i(k) - \sum_{j \neq i} \frac{\alpha}{r-1} p_i(k)(1 - p_i(k)) \qquad (2.50)$$

pour $u(k) = 1$ (pénalisation).

Dans des problèmes particuliers, tels que: la commande ou l'optimisation par automates d'apprentissage, il s'avère nécessaire d'augmenter le nombre d'actions de l'automate afin d'améliorer la solution apportée (finesse de la commande ou la précision de l'extremum d'une fonction). Cette augmentation peut entraîner une augmentation du temps de calcul et une adaptation lente.

Ce problème a été surmonté par l'utilisation de structures hiérarchisées d'automates (voir, e.g., Najim, 1988).

2.8. Structure hiérarchisée d'automates

Une structure hiérarchisée d'automates est composée de différents niveaux, comprenant chacun un nombre fini d'automates et d'actions (voir Figure 2.25).

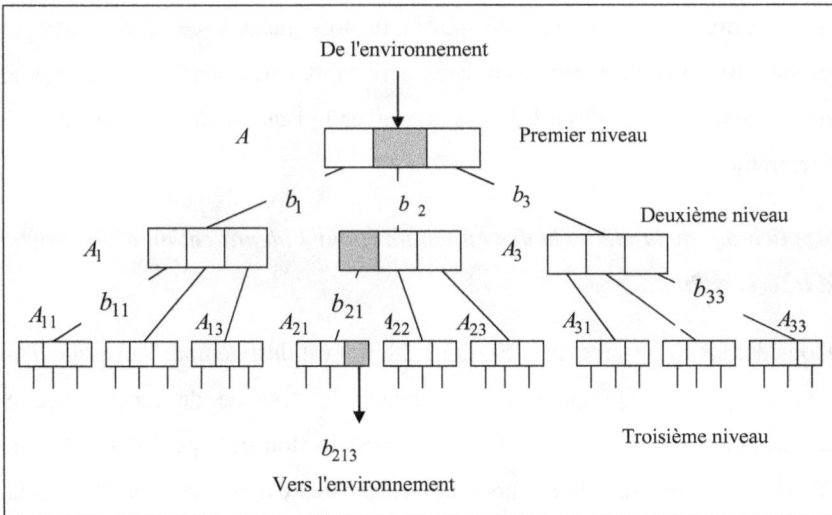

Figure 2.25. *Structure hiérarchisée d'automates (r=3).*

101

Le premier niveau est constitué d'un seul automate (à r actions internes). Le second niveau comprend r automates (de r actions internes chacun), chaque automate est associé à une action de l'automate du premier niveau. Le $L^{\text{ème}}$ niveau est formé de r^{L-1} automates. Une hiérarchie de L niveaux est équivalente à un automate de r^L actions internes.

Fonctionnement

En se basant sur la distribution des probabilités, le premier niveau sélectionne aléatoirement une action b_2. Ceci permet d'activer l'automate A_2 du second niveau. L'automate sélectionné dans le deuxième niveau choisit à son tour une action b_{21}, qui sert à activer un automate du niveau suivant A_{21} et ainsi de suite jusqu'à ce qu'une action du dernier niveau soit choisie. L'action du dernier niveau interagit avec l'environnement, et en fonction de la réponse de ce dernier, l'adaptation des vecteurs probabilité des automates activés aux différents niveaux est achevée. Les vecteurs probabilité d'actions des automates non impliqués dans le cycle restent inchangés. Ce cycle d'opérations doit être exécuté plusieurs fois jusqu'à ce que toutes les probabilités associées aux automates activés et correspondant à un chemin donné deviennent égales à 1 du premier niveau jusqu'au dernier niveau de la hiérarchie.

Application de la méthode des automates pour l'identification d'un système d'inférence flou

Considérons le système de la Figure 1.24, qui est destiné pour l'arrosage d'un champ agricole. On cherche à modéliser le système de remplissage et d'évacuation de l'eau du bac 1, par un modèle flou de type Takagi-Sugeno d'ordre 0, en utilisant la méthode des automates d'apprentissage. Pour cela, considérons un système d'inférence flou à quatre entrées et une seule sortie. Les règles d'inférence flous sont données par:

102

R^i : Si y(k) est A_{i1} et $y(k-1)$ est A_{i2} et $u(k)$ est A_{i3} et $u(k-1)$ est A_{i4} ,

   alors $y_i(k+1) = w_i$ $i = 1,...,K$

L'espace relatif à chaque entrée est divisé en trois ensembles flous, qui sont: NM, ZR et PM. Les fonctions d'appartenance utilisées sont des gaussiennes. Elles sont caractérisées par leurs centres c_{ij} et leurs variances σ_{ij}^2.

La sortie estimée du modèle flou $\hat{y}(k+1)$, relative aux entrées $(y(k), y(k-1), u(k), u(k-1))$, est donnée par l'expression suivante:

$$\hat{y}(k+1) = \frac{\sum_{i=1}^{K} \beta_i y_i(k+1)}{\sum_{i=1}^{K} \beta_i} \qquad (2.51)$$

où $\beta_i = \mu_{A_{i1}}(y(k))\mu_{A_{i2}}(y(k-1))\mu_{A_{i3}}(u(k))\mu_{A_{i4}}(u(k-1))$

Le problème de modélisation consiste à trouver les valeurs optimales c_{ij}, σ_{ij} et w_i du modèle flou qui minimisent le critère suivant:

$$J(k) = \sum_{i=1}^{N} \left(y(i) - \hat{y}(i, \hat{\theta}(k)) \right)^2 \qquad (2.52)$$

où N est le nombre de mesures utilisées durant l'apprentissage, $\hat{\theta}(k)$ représente le vecteur des paramètres trouvé à l'itération k et $y, \hat{y}$ sont respectivement la sortie désirée et la sortie estimée par le modèle flou.

La structure hiérarchisée d'automates relative à chaque paramètre du modèle flou comprend trois niveaux. Pour les différents automates se trouvant dans les trois niveaux, on associe quatre actions. En effet, dans le niveau 1, on a un seul automate; dans le niveau 2, on trouve 4 automates et dans le dernier niveau on trouve 4^2 automates, soit 4^3 actions (voir Figure 2.26). Cependant, chaque paramètre du modèle flou est associé à un intervalle défini par une valeur minimale et une valeur maximale. Cet intervalle est discrétisé en 64 (4^3) valeurs possibles. Ajoutons qu'initialement toutes les actions sont équiprobables, c'est-à-dire que chaque action possède une probabilité égale à 0.25.

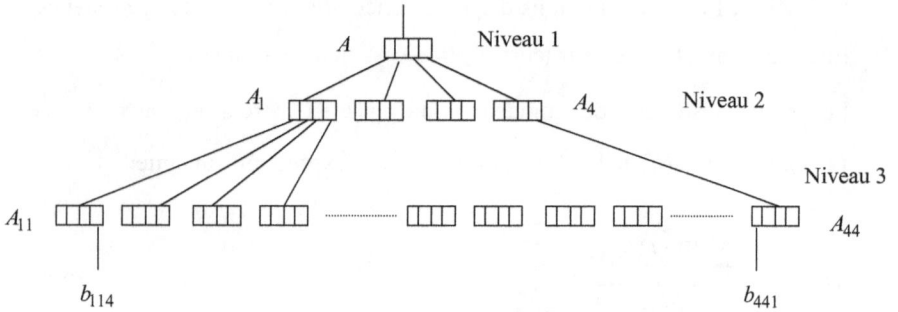

Figure 2.26. *Structure hiérarchisée d'automates* à 3 *niveaux* (*r*=4).

A chaque itération, une variable aléatoire ξ est générée. Une action b_i relative à un automate activé est sélectionnée d'une façon aléatoire, en respectant la contrainte suivante:

$$\sum_{j=1}^{i} p_j(k) \geq \xi \qquad (2.53)$$

$$\xi \in [0,1]$$

Cette procédure est répétée pour tous les automates activés dans les différents niveaux et pour toutes les structures hiérarchisées d'automates relatives à chaque paramètre.

Le critère $J(k)$ est calculé à chaque itération, une unité d'évaluation de la performance génère une sortie $u(k)$ de la façon suivante:

$$\left.\begin{array}{l} \text{Si } J(k) < J(k-1), \text{ alors } u(k) = 0, \\ \qquad\qquad \text{si non } u(k) = 1 \end{array}\right\} \qquad (2.54)$$

Les vecteurs de probabilité de tous les automates sont adaptés en utilisant le schéma de renforcement donné par les équations (2.45) et (2.46), avec $\lambda = 0$ (schéma de renforcement de type L_{R-I}).Les Figures 2.27 et 2.28 représentent respectivement les données d'apprentissage et de validation du modèle.

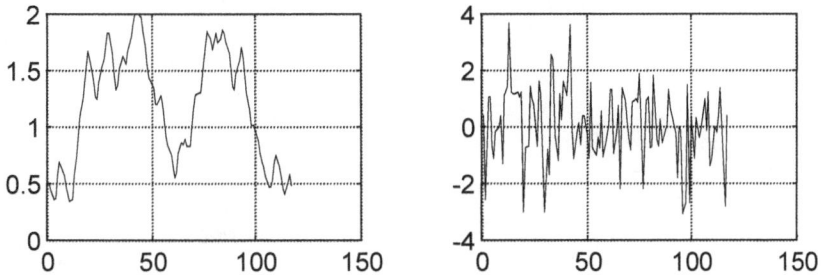

Figure 2.27. *Données pour l'apprentissage.*

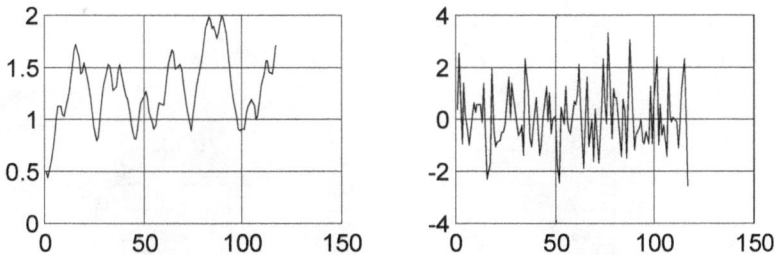

Figure 2.28. *Données pour la validation du modèle.*

Dans la Figure 2.29, on présente l'évolution des probabilités de l'automate du troisième niveau. Cet automate appartient à la structure hiérarchisée d'automates de la variable centre du premier ensemble flou (PM) pour l'entrée $y(k)$. On remarque qu'une probabilité tend vers la valeur 1, alors que les autres probabilités des autres actions tendent vers 0.

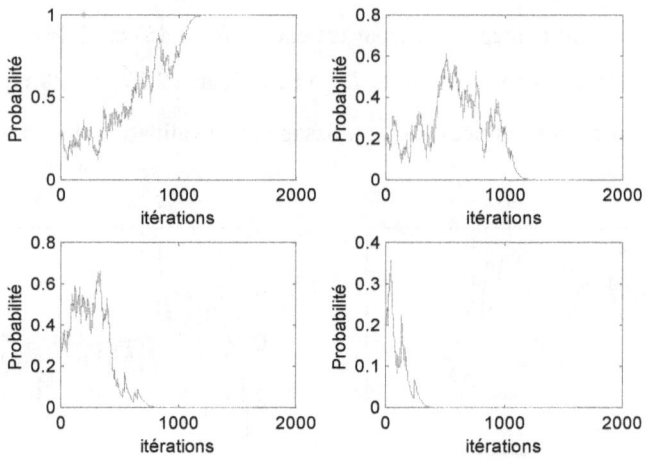

Figure 2.29. *Evolution des probabilités.*

La Figure 2.30 montre l'évolution de l'erreur de prédiction en fonction du nombre d'itérations. On remarque que l'erreur sur l'apprentissage est de l'ordre de 0.018.

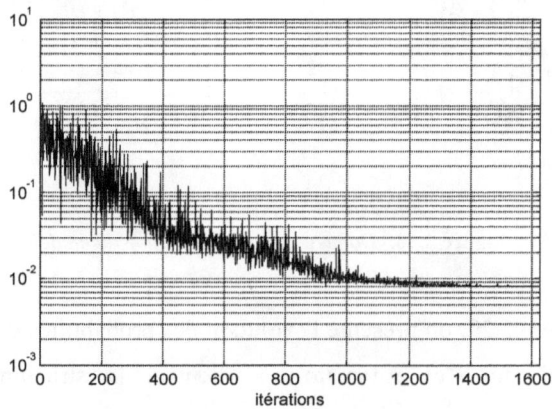

Figure 2.30. *Evolution de l'erreur de prédiction.*

La Figure 2.31 présente la sortie estimée par le système d'inférence flou et la sortie réelle du système. On remarque que l'algorithme déjà présenté aboutit à des résultats très satisfaisants.

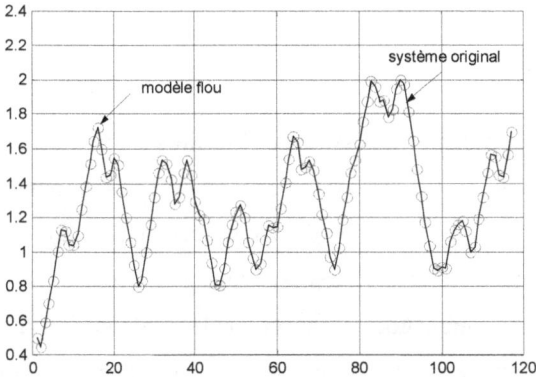

Figure 2.31. *Sortie mesurée et sortie prédite par le système d'inférence flou.*

2.9. Conclusion

Dans ce chapitre, on a traité des problèmes de modélisation des systèmes complexes en utilisant la logique floue. Pour cela, on a entamé le chapitre par présenter la théorie des ensembles flous, relations floues, propositions floues et les systèmes d'inférences floues. Ensuite, on a présenté des méthodes de modélisation floue, notamment la méthode de clustering (Fuzzy C-mean) et la méthode hybride neuro-floue. Une nouvelle méthode de modélisation basée sur les structures hiérarchisées d'automates à apprentissage a été développée. Il convient de souligner que notre contribution principale dans ce chapitre a porté sur le développement d'un algorithme d'identification de systèmes d'inférences floues, en se basant sur les automates d'apprentissage. Cet algorithme a été testé sur plusieurs exemples de simulation numérique, et les résultats obtenus sont satisfaisants.

Chapitre 3

Commande avancée des systèmes non linéaires

3.1. Introduction

Si la théorie de la commande des systèmes linéaires a été largement maîtrisée par les automaticiens, celle des systèmes non linéaires et notamment ceux présentant de fortes non- linéarités demeure beaucoup moins maîtrisée. En effet, contrairement aux systèmes linéaires, où les techniques conventionnelles de commande se basant sur la modélisation mathématique sont suffisantes pour en assurer un comportement dynamique satisfaisant, le traitement des systèmes non linéaires par le biais de ces techniques ne permet pas souvent d'obtenir des bons résultats. Il est à souligner que les systèmes fortement non linéaires ou les systèmes pour lesquels les modèles mathématiques connus sont incomplets ou de mauvaise qualité, le recours à d'autres techniques de commande s'avère souvent indispensable. A cet égard, l'utilisation des techniques d'apprentissage en commande des processus permet de surmonter notablement les difficultés engendrées par les fortes non-linéarités. Par ailleurs, on a montré dans le premier chapitre que les réseaux de neurones artificiels sont considérés comme un outil puissant permettant d'approcher n'importe quelle fonction linéaire ou non. C'est cette propriété qui motive leur utilisation pour la réalisation de systèmes de commande non linéaires par apprentissage.

Les réseaux de neurones possèdent entre autres plusieurs propriétés intéressantes pour la réalisation de systèmes de commande (Renders, 1995):

P1. ils ont la capacité de pouvoir modéliser des phénomènes de complexité élevée, présentant de fortes non-linéarités;

P2. ils sont capables de s'adapter à une dynamique évoluant au cours du temps;

P3. ils possèdent une grande capacité de généralisation, ce qui leur confèrent une bonne robustesse aux bruits;

P4. la parallélisation du traitement sur des machines multiprocesseurs, leur donne une rapidité de calcul en phase d'exploitation et les rend très adaptés aux applications temps réel.

Notons que, l'utilisation des réseaux de neurones en commande ne se justifie que dans le cas où il est difficile ou impossible de concevoir un système de commande classique. Ces difficultés découlent généralement de la complexité du système dont il faut assurer la commande (non linéarité, grande dimension, etc.). Une classification systématique des différentes structures de commande neuronale a été proposée par Gauthier (Gauthier, 1999). La Figure 3.1 schématise cette classification.

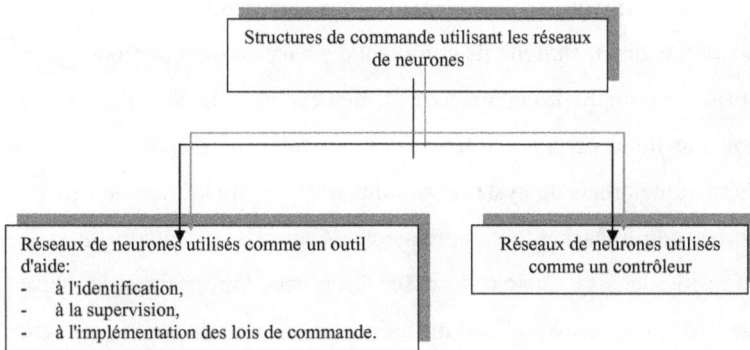

Figure 3.1. *Classification des différentes structures de commande neuronale.*

Les réseaux de neurones artificiels ont été appliqués à la commande de systèmes pour lesquels les représentations classiques sont incomplètes ou ne sont pas compatibles avec les méthodes formelles de synthèse de lois de commandes (voir, e.g., Koivisto *et al.*, 1992; Fukuda et Shibata, 1993; Iwahori *et al.*, 1994; Brdys et Kulawski, 1999; Campolucci *et al.*, 1999). La classification des différents systèmes de commande neuronale se présente comme suit:

a) système de commande directe: les paramètres du régulateur sont estimés sans faire recours à un modèle de système à commander. Ce système de commande peut être adaptatif ou non. On peut citer par exemple la commande directe avec modèle inverse (Fukuda et Shibata, 1993).

b) système de commande indirecte: l'estimation des paramètres du régulateur se fait moyennant l'utilisation d'un modèle de système à commander. On distingue deux types de commandes indirectes, commande indirecte adaptative et commande indirecte non adaptative.

On peut citer la commande avec modèle interne (voir, e.g., Koivisto *et al.*, 1992; Datta et Ochoa 1996) et la commande adaptative avec modèle de référence (voir, e.g., Nerrand *et al.*, 1993).

Parmi les derniers développements des techniques de commande en automatique, une technique de commande à base de logique floue, qui permet une prise en compte des connaissances des experts. De plus, l'utilisation de la commande floue est aussi intéressante lorsqu'on ne dispose pas de modèle mathématique précis du système à commander ou lorsque ce dernier présente de fortes non-linéarités ou imprécisions. Cependant, l'intérêt de la logique floue réside dans sa capacité à traiter l'imprécis, l'incertain et le vague. Elle est issue de la capacité de l'homme à décider et à agir de façon pertinente.

Le succès de la commande en logique floue trouve aussi en grande partie son origine dans sa capacité à traduire une stratégie de commande d'un opérateur qualifié en un ensemble de règles linguistiques facilement interprétables.

L'utilisation de la logique floue dans les structures de commande a été traitée par plusieurs auteurs (voir, e.g., Guillemin, 1996; Heber *et al.*, 1995; Izuno *et al.*, 1992; Martin et Swadogo, 1989; Shaocheng *et al.*, 1997).

Par ailleurs, l'utilisation conjointe des méthodes neuronales et floues dans des systèmes hybrides permet de tirer avantage des qualités de l'une et de l'autre, principalement les capacités d'apprentissage des réseaux de neurones et la lisibilité et la souplesse des éléments manipulés par la logique floue. Dans ce contexte, un système d'inférence flou utilisé en commande peut être représenté par un réseau de neurones multicouche dans lequel les poids correspondent aux paramètres du système (voir, e.g., Yamaguchi et al., 1992; Lee et al., 1994; Juang et Lin, 1998; Zhang et Morris, 1999).

On présente, dans la suite de ce chapitre, les différentes méthodes d'apprentissage du modèle inverse, ainsi que les différentes structures de commande neuronales. On détaille ensuite, la commande prédictive neuronale et la commande par linéarisation entrée-sortie. La dernière partie de ce chapitre est consacrée au développement de la commande adaptative neuronale et floue. Notons, que ce chapitre comporte également des simulations pour certaines des structures de commande présentées.

3.2. Apprentissage du modèle inverse

Comme un réseau de neurones peut être utilisé pour modéliser un système, il peut être aussi utilisé pour élaborer sa loi de commande, dans la mesure où le système est commandable. En effet, l'utilisation du modèle inverse comme contrôleur, couvre la majorité des structures de commande neuronale rencontrées. Notons que, si le système à commander est exprimé par la relation suivante:

$$y(k+1) = f(y(k),...,y(k-n+1),u(k),...,u(k-m)) \qquad (3.1)$$

alors le modèle inverse du système réalisé par un réseau de neurone s'écrit:

$$\hat{u}(k) = \hat{f}^{-1}(y(k+1), y(k),..., y(k-n+1), u(k-1),..., u(k-m)) \qquad (3.2)$$

Ce modèle inverse est utilisé en commande en remplaçant la sortie du système $y(k+1)$ par le signal de référence $r(k+1)$. En effet, si le modèle inverse a été bien établi, alors la sortie du système doit suivre convenablement le signal de référence. Dans ce cas, la commande appliquée au système est donnée par:

$$\hat{u}(k) = \hat{f}^{-1}(r(k+1), y(k),..., y(k-n+1), u(k-1),..., u(k-m)) \qquad (3.3)$$

Toutefois, pour l'apprentissage du modèle inverse, on ne dispose pas de la commande désirée $u_d(k)$ (voir Figure 3.2), susceptible de forcer la sortie du système à suivre la sortie désirée.

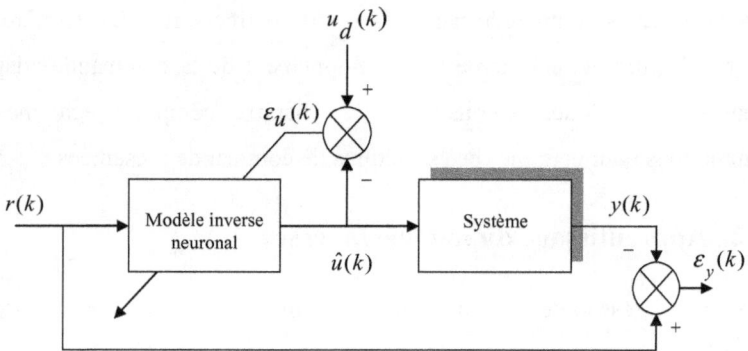

Figure 3.2. *Apprentissage du modèle inverse basé sur la connaissance de* $u_d(k)$.

Afin de surmonter ce problème causé par le manque d'informations sur $u_d(k)$, trois méthodes d'apprentissage du modèle inverse seront présentées. La première méthode est connue sous le nom d'apprentissage généralisé (voir, e.g., Psaltis, 1988) ou apprentissage direct. Par contre, la deuxième méthode présente la façon d'obtenir un modèle inverse par apprentissage indirect. La troisième méthode est connue sous le nom d'apprentissage spécialisé.

3.2.1. Modèle inverse obtenu par apprentissage direct

Cette méthode dont le principe est donné Figure 3.3 peut être appliquée en ligne ou hors ligne (voir, e.g., Tai et al., 1992; Fukuda et Shibata, 1993).

L'apprentissage fait hors ligne du modèle inverse est basé sur la minimisation du critère suivant:

$$J(k) = \sum_{i=1}^{N} \varepsilon_u^2(i) \tag{3.4}$$

qui s'écrit encore:

$$J(k) = \sum_{i=1}^{N} (u(i) - \hat{u}(i, \hat{\theta}(k)))^2 \tag{3.5}$$

où θ représente, le vecteur des poids du réseau de neurones inverse et N représente le nombre de mesures issues du système utilisées pour l'apprentissage

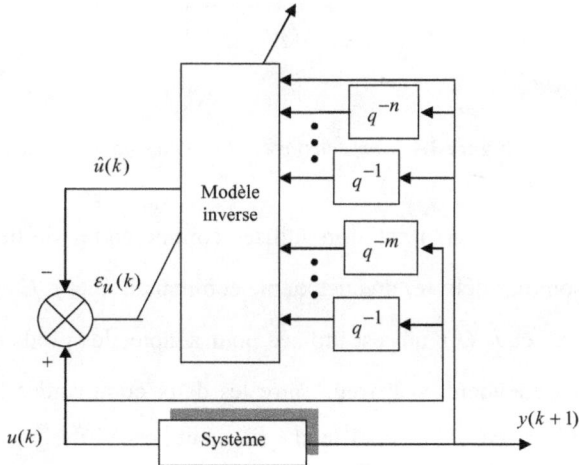

Figure 3.3. *Apprentissage direct du modèle inverse.*

3.2.2. Modèle inverse obtenu par apprentissage indirect

Psaltis *et al.*, (1987) proposent une variante de la méthode précédente, appelée méthode d'apprentissage indirect. Le principe de cette approche est donné Figure 3.4. Dans cette architecture, les deux réseaux partagent les mêmes poids.

Le signal de référence $r(k)$ est appliqué à l'entrée du premier réseau, ce dernier délivre à sa sortie une commande $\hat{u}_1(k)$. Cette commande est appliquée au système.

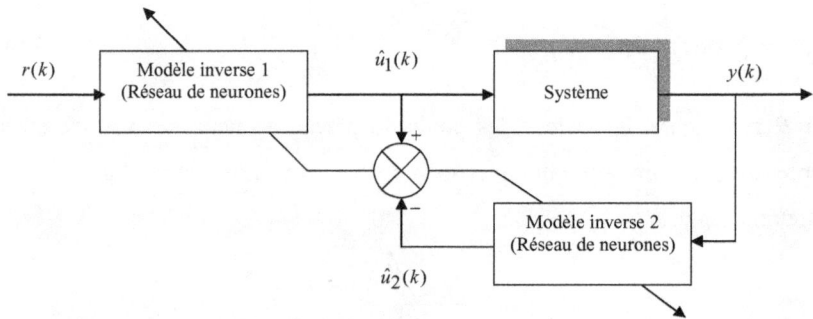

Figure 3.4. *Apprentissage indirect du modèle inverse.*

La sortie mesurée $y(k)$ est alors utilisée comme entrée du deuxième réseau qui va à son tour délivrer une deuxième commande $\hat{u}_2(k)$. C'est la différence entre $\hat{u}_1(k)$ et $\hat{u}_2(k)$ qui est utilisée pour adapter les poids des réseaux de neurones. Cependant, si l'erreur entre les deux commandes tend vers zéro, alors la différence $y(k) - r(k)$ tend également vers zéros.

3.2.3. Apprentissage spécialisé du modèle inverse

D'après les méthodes proposées, on remarque que les paramètres du réseau représentant le modèle inverse, sont déterminés en minimisant l'écart entre la commande appliquée au système et la sortie du réseau. En effet, l'écart entre la sortie du système et le signal de référence n'est pas rendu forcément minimal. Une solution pour l'amélioration du fonctionnement consiste à conditionner le modèle inverse en se basant sur l'écart entre la consigne et la sortie du système. Cet apprentissage, appelé apprentissage spécialisé, a été étudié par Yabuta, (1990).

Le principe de cette méthode est donné Figure 3.5.

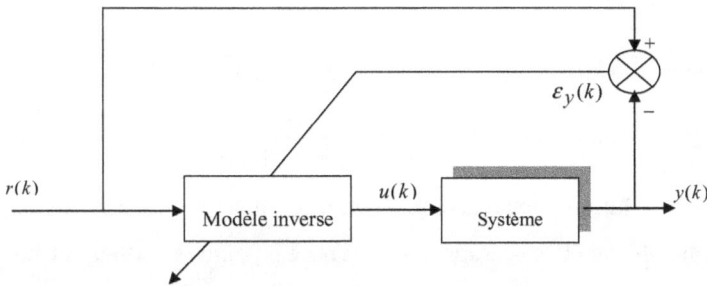

Figure 3.5. *Apprentissage spécialisé du modèle inverse.*

L'ajustement des paramètres du modèle inverse se fait en minimisant le critère quadratique suivant:

$$J_1(k) = \sum_{i=1}^{N} \varepsilon_y^2(i) \qquad (3.6)$$

ou encore:

$$J_1(k) = \sum_{i=1}^{N} (r(i) - y(i,\hat{\theta}(k)))^2 \qquad (3.7)$$

En utilisant une méthode du gradient, les paramètres du modèle inverse sont donnés par l'expression suivante:

$$\hat{\theta}(k) = \hat{\theta}(k-1) - \mu \frac{\partial J_1(k)}{\partial \hat{\theta}(k)} \qquad (3.8)$$

où μ est le pas du gradient.

Le développement du calcul de l'équation (3.8) donne:

$$\hat{\theta}(k) = \hat{\theta}(k-1) - \mu(-2\varepsilon_y(k)\frac{\partial y(k)}{\partial \hat{\theta}(k)}) \tag{3.9}$$

qui s'écrit encore:

$$\hat{\theta}(k) = \hat{\theta}(k-1) - \mu(-2\varepsilon_y(k)\frac{\partial y(k)}{\partial u(k-1)}\frac{\partial u(k-1)}{\partial \hat{\theta}(k)}) \tag{3.10}$$

Cependant, l'inconvénient majeur de cette méthode c'est qu'elle exige la connaissance du jacobien du système $\dfrac{\partial y(k)}{\partial u(k-1)}$.

Plusieurs solutions peuvent être envisagées pour approximer ce Jacobien, pour plus de détails sur ces méthodes voir e.g., Nguyen, 1989 et Chen *et al.*, 1997. Une des solutions à ce problème, consiste à élaborer la commande issue du système inverse à l'aide de deux réseaux de neurones (voir Figure 3.6).

Le premier réseau représente le modèle direct du système à partir duquel on va déduire le Jacobien par une extension de l'algorithme de rétropropagation (voir, e.g., Nguyen, 1989). Le deuxième réseau représente le modèle inverse qui commande le système. L'apprentissage global est effectué en deux étapes. La première, consiste à modéliser le système par un réseau de neurones R1. Durant cette étape, le réseau de neurone R2 est figé, il est remplacé par un dispositif linéaire de gain unité. Dans la deuxième étape, l'algorithme de rétropropagation est appliqué aux deux réseaux R1 et R2, mais seuls les poids du réseau R2 changent.

Quand le modèle direct du système est obtenu, on peut faire l'approximation suivante:

$$\frac{\partial y(k)}{\partial u(k-1)} \approx \frac{\partial \hat{y}(k)}{\partial u(k-1)} \tag{3.11}$$

et par suite, on peut écrire:

$$\hat{\theta}(k) = \hat{\theta}(k-1) - \mu(-2\varepsilon_y(k)\frac{\partial \hat{y}(k)}{\partial u(k-1)}\frac{\partial u(k-1)}{\partial \hat{\theta}(k)}) \tag{3.12}$$

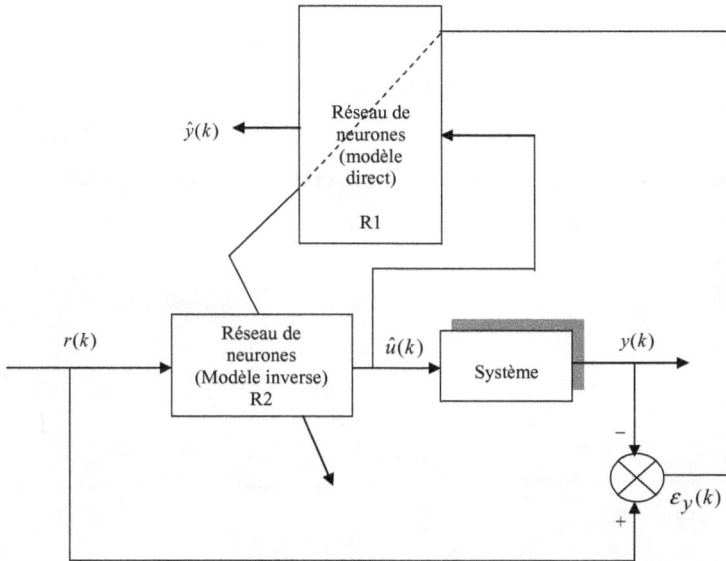

Figure 3.6. *Apprentissage du modèle inverse par le modèle direct.*

Jusqu'à présent, on a présenté les méthodes utilisées pour conditionner le modèle inverse. Cependant, son utilisation conduit à plusieurs structures de commande neuronales par modèle inverse. On peut citer, la commande directe par modèle inverse (voir, e.g. Fukuda et Shibata, 1993), la commande par modèle interne (voir, e.g. Koivisto *et al.* 1992; Koivisto *et al.* 1993; et la commande par anticipation (voir, e.g. Fukuda et Shibata, 1992).

3.3. Commande neuronale directe par modèle inverse

En vue d'exploiter le modèle inverse pour la commande, ce dernier est placé directement en série avec le système à commander. La Figure 3.7 montre la structure de la commande inverse directe. Si le réseau de neurones est parfaitement entraîné, l'ensemble des deux systèmes (modèle inverse et système réel) réalisent une parfaite identité entre la sortie et l'entrée (valeur de la consigne). Malgré que cette structure a été utilisée avec beaucoup de succès par plusieurs auteurs (voir, e.g. Psaltis, 1987; Ichikawa, 1992), elle présente une limitation majeure. En effet, on constate que l'on a affaire à un système de commande en boucle ouverte, ce qui implique que si les perturbations qui agissent sur le système commandé sont importantes, alors cette structure de commande doit être évitée.

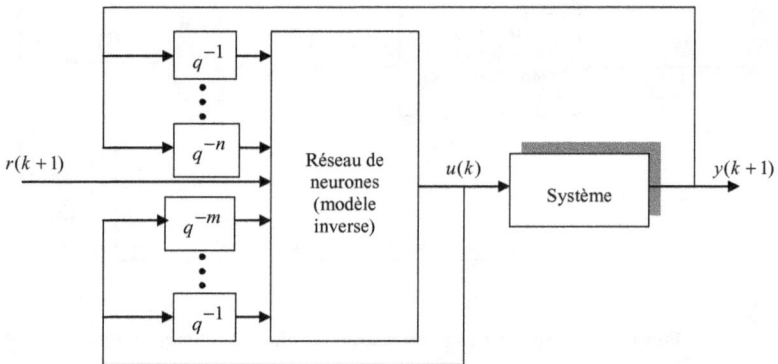

Figure 3.7. *Structure de commande inverse directe.*

L'apprentissage du modèle inverse doit être effectué dans un domaine souvent plus vaste que nécessaire et suffisamment grand pour inclure toutes les valeurs d'entrées représentatives du domaine de fonctionnement du système.

3.4. Commande neuronale par modèle interne

Le modèle neuronal direct du système peut être exploité pour réaliser une structure de commande en boucle fermée. Cette structure de commande s'appelle commande par modèle interne du système. Signalons que le principe de cette méthode a été introduit par (Garcia, 1982). C'est une méthode, qui est très utilisée pour la commande des systèmes non linéaires, pourvue qu'elle soit simple à mettre en œuvre. Le schéma de principe d'une commande neuronale par modèle interne est donné Figure 3.8.

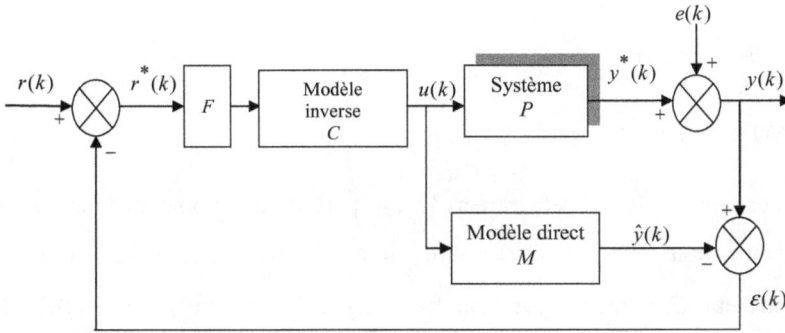

Figure 3.8. *Commande par modèle interne.*

Le modèle neuronal direct est représenté par M, le contrôleur neuronal, qui est le modèle inverse, est représenté par C et F est un filtre introduisant une action stabilisante.

D'après la structure de commande donnée Figure 3.8, la sortie $y(k)$ correspond au signal obtenu à la sortie réelle du système physique. En fait, ce signal est la somme du signal de sortie du système idéal et du bruit additif sur sa sortie, soit:

$$y(k) = y^*(k) + e(k) \tag{3.13}$$

L'écart entre la sortie du modèle neuronal direct et la sortie du système est donné par:

$$\varepsilon(k) = y(k) - \hat{y}(k) \tag{3.14}$$

soit encore:

$$\varepsilon(k) = y^*(k) + e(k) - \hat{y}(k) \tag{3.15}$$

L'entrée $r^*(k)$ du filtre F est donnée par:

$$r^*(k) = r(k) - \varepsilon(k) \tag{3.16}$$

qui s'écrit encore:

$$r^*(k) = r(k) - y^*(k) - e(k) + \hat{y}(k) \tag{3.17}$$

Cependant, si le modèle direct M est parfait, du moins très proche du système non perturbé, c'est-à-dire on a: $\hat{y}(k) = y^*(k)$, alors l'entrée du contrôleur C, après un éventuel filtrage par F, devient $\gamma(r(k) - e(k))$. Le terme γ est introduit pour tenir compte de l'effet de filtrage. En effet, la commande $u(k)$ issue du modèle inverse C est déterminée en tenant compte des perturbations qui agissent sur le système. On peut donc conclure que dans le cas idéal, le signal délivré par la sortie du système sera identique à celui appliqué à l'entrée de ce système bouclé.

3.5. Commande par duplication neuronale

Afin de réaliser une structure de commande neuronale, une des méthodes utilisées consiste à reproduire le fonctionnement d'un contrôleur existant. Même si cette approche semble peu intéressante puisqu'elle nécessite l'existence d'un autre contrôleur, elle peut être utile si ce dernier est trop lent pour être utilisé en temps réel ou trop complexe. L'architecture de cette commande est donnée Figure 3.9. Le réseau de neurones apprend la relation entre les entrées et les sorties du contrôleur, quand l'indice d'erreur employé pour l'apprentissage diminue jusqu'à une valeur acceptable, le réseau de neurones peut remplacer le contrôleur original.

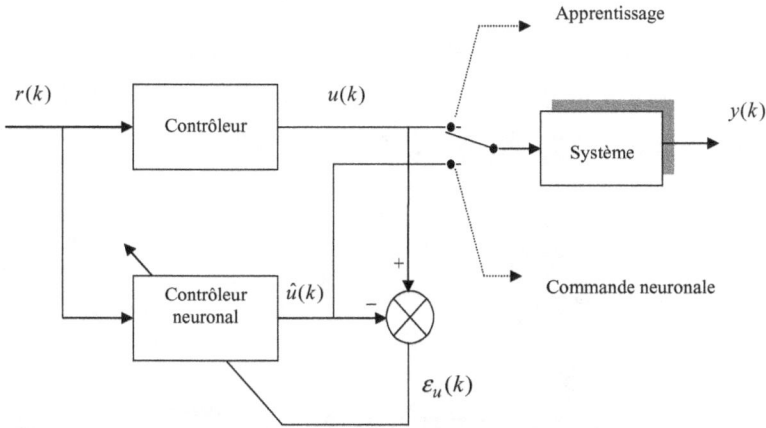

Figure 3.9. *Apprentissage d'un contrôleur neuronal par reproduction d'un contrôleur existant.*

Parmi les applications utilisant cette structure de commande, on peut citer par exemple les travaux de Bleuler *et al.*, (1990) qui utilisent un contrôleur PID pour réaliser un contrôleur neuronal afin de contrôler un système non linéaire simple.

On peut noter que cette approche nécessite, lors de la phase d'apprentissage, de parcourir tous les modes de fonctionnement du système commandé. En effet, il est nécessaire d'avoir une bonne connaissance *a priori* des conditions d'utilisation du contrôleur.

3.6. Commande par anticipation

Cette structure de commande comporte deux contrôleurs placés en parallèle, qui sont le modèle inverse du système et un contrôleur classique (PID par exemple). Le premier contrôleur permet de modéliser les dynamiques inverses du système. Il peut être entraîné pour calculer la valeur de la commande à l'instant courant, nécessaire pour le problème de régulation ou de poursuite. Le deuxième contrôleur sert à compenser l'effet des perturbations et des incertitudes qui, par définition, ne peuvent pas être apprises par le modèle inverse. On trouve l'utilisation de cette structure de commande dans les travaux de Fakuda et Shibata, (1992). Yabuta et Yamada, (1990) ont utilisé cette architecture pour commander un robot manipulateur. La structure fonctionnelle de cette stratégie de commande est donnée Figure 3.10.

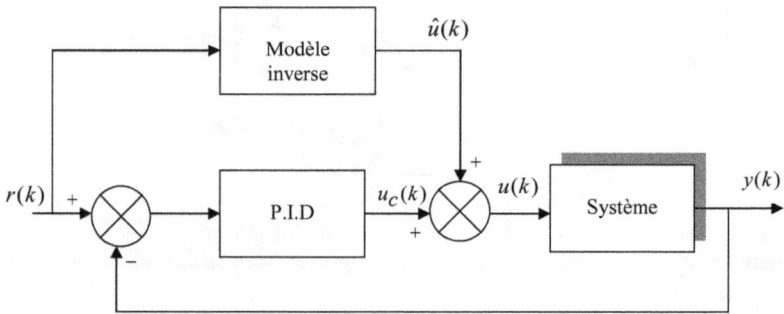

Figure 3.10. *Commande par anticipation.*

Le signal de référence est appliqué à l'entrée du modèle inverse, celui-ci délivre à sa sortie une commande $\hat{u}(k)$. La commande $u_c(k)$ issue du contrôleur P.I.D est fonction de l'écart entre l'entrée de référence $r(k)$ et la sortie du système $y(k)$. La commande appliquée au système est donnée par:

$$u(k) = \hat{u}(k) + u_c(k) \qquad (3.18)$$

Cette structure de commande a été utilisée par plusieurs chercheurs (voir, e.g. Fakuda et Shibata, 1993), ce qui montre l'intérêt opératoire de cette méthode.

3.7. Commande prédictive neuronale

L'objet de ce paragraphe consiste à développer un schéma de commande prédictive non linéaire en se basant sur le modèle neuronal du système à commander. Notons, que le schéma de commande qu'on a proposé est facile à mettre en œuvre. Les structures de commande déjà présentées sont basées sur l'apprentissage du modèle neuronal inverse, qui représente les dynamiques inverses du système. Que ce soit par une méthode directe ou par une méthode indirecte, le but est toujours d'élaborer une commande à appliquer au système, qui lui permet soit d'atteindre et de rester dans un point de fonctionnement donnée (consigne), soit de suivre la sortie d'un modèle de référence (trajectoire). Le principe de la commande par modèle prédictif est totalement différent. En effet, les réseaux de neurones sont utilisés dans ce type de commande pour construire un modèle direct du système. Ce dernier permet de prédire les états futurs du système. La commande prédictive neuronale à base de modèle, appelée encore commande à horizon glissant (Moving Horizon Control) ou commande à horizon fuyant (Receding Horizon Control), se caractérise par les points suivants:

P1. A chaque instant, il faut prédire la sortie du système sur un certain horizon, appelé horizon de prédiction, et ce, à l'aide du modèle direct neuronale du système ;

P2. Une séquence future de commande est calculée sur un certain horizon, appelé horizon de commande, qui doit être inférieur ou égal à l'horizon de prédiction, et ce, afin de minimiser les écarts futurs entre la sortie et la consigne. Cette séquence de commande est obtenue en minimisant un critère donné ;

P3. Seule la première valeur de la séquence de commande optimale trouvée est appliquée au système. Toutes les autres valeurs peuvent être oubliées, car à l'instant suivant, les séquences sont décalées, une nouvelle sortie est mesurée et la procédure complète est répétée. Ce procédé repose sur le principe de l'horizon fuyant.

Le principe général de ce type de commande est illustré à l'aide de la Figure 3.11.

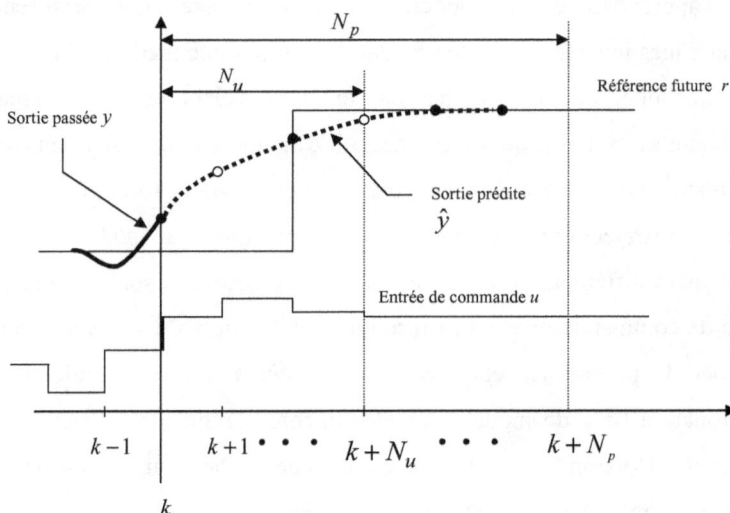

Figure 3.11. *Diagramme temporel de la prédiction à horizon fini.*

où N_p et N_u représentent respectivement l'horizon de prédiction et l'horizon de commande.

Une des richesses de cette méthode est que pour un signal de référence connu (au moins sur un certain horizon), il est possible d'exploiter au maximum les informations de trajectoires prédéfinies situées dans le futur, puisque le but de la stratégie prédictive est de faire coïncider la sortie du système avec le signal de référence dans le futur, sur un horizon fini (voir Figure 3.11).

Un schéma bloc pouvant caractériser une commande prédictive à base de modèle neuronal est représenté Figure 3.12.

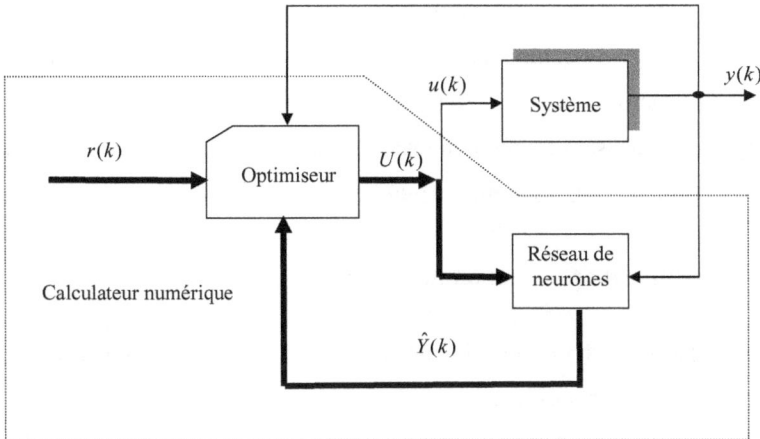

Figure 3.12. *Structure de la commande prédictive* à base de modèle neuronal.

Dans cette structure de commande, le réseau de neurones est placé en parallèle avec le système, afin de prédire les états futurs de ce dernier. Le système de commande consiste alors à utiliser un algorithme d'optimisation numérique non linéaire afin de minimiser un critère, qui dépend des états futurs prédits. Ce critère est généralement de la forme suivante:

$$J(N_p, N_u, k) = \sum_{j=1}^{N_p} \left(r(k+j) - \hat{y}(k+j) \right)^2 + \lambda \sum_{j=1}^{N_u} \Delta u(t+j-1)^2 \qquad (3.19)$$

où N_p est l'horizon de prédiction sur la sortie, N_u est l'horizon de commande, $\hat{y}$ est la sortie prédite par le modèle neuronal, r représente le signal de référence et λ est un facteur de pondération, qui permet de donner plus ou moins de poids à la commande par rapport à la sortie, de façon à assurer la convergence lorsque le système de départ présente un risque d'instabilité.

Le critère (3.19) comprend deux termes quadratiques, un sur l'erreur entre le signal de référence et la sortie prédite et l'autre sur l'incrément de commande, qui permet d'obtenir une commande régulière. Sa minimisation analytique fournit la séquence de commandes futures $U(k)$, dont seule la première sera effectivement appliquée au système. Plusieurs applications ont été développées en utilisant les techniques de la commande prédictive (voir, e.g. Parisini et Zoppoli, 1995; Stenman, 1999).

3.7.1. Algorithme d'optimisation non linéaire

Supposons que le système non linéaire à commander (voir Figure 3.12) est exprimé par la relation suivante:

$$y(k+1) = f(y(k), y(k-1),..., y(k-n), u(k), u(k-1),..., u(k-m)) \qquad (3.20)$$

où $y(k)$ est la sortie du système, $u(k)$ représente la commande appliquée au système et $f(.)$ est une fonction non linéaire inconnue.

Afin d'exploiter la structure de commande prédictive présentée Figure 3.12, il faut disposer d'un modèle neuronal qui représente le système. Pour cela, considérons un réseau de neurones à deux couches, les fonctions d'activation des neurones de la première couche sont des tangentes hyperboliques. La fonction d'activation du neurone de la sortie est linéaire. Cependant, l'entrée appliquée au réseau est donnée par:

$$\varphi(k) = [y(k)\ y(k-1)...y(k-n)\ u(k)\ u(k-1)...u(k-m)] \qquad (3.21)$$

Le modèle neuronal du système (3.20) peut être exprimé par l'expression suivante:

$$\hat{y}(k+1) = \hat{f}(y(k), y(k-1),..., y(k-n), u(k), u(k-1),..., u(k-m)) \qquad (3.22)$$

où $\hat{y}(k+1)$ est la sortie du réseau de neurones et $\hat{f}(.)$ représente l'estimée de $f(.)$.

L'apprentissage du réseau de neurones est effectué par l'algorithme de retropropagation en minimisant le critère $J(k)$, décrit par:

126

$$J(k) = \sum_{i=1}^{k} (y(i) - \hat{y}(i, \hat{\theta}(k)))^2 \qquad (3.23)$$

où θ représente le vecteur des paramètres du modèle (les poids et les biais du réseau de neurones).

Une fois le modèle neuronal du système est obtenu, la commande $u(k)$ doit être calculée de façon à minimiser l'écart entre la sortie estimée du système $\hat{y}(k+1)$ et la consigne $r(k+1)$. Pour cette raison on définit le critère quadratique suivant:

$$J_1(k) = \frac{1}{2} \varepsilon^2 (k+1) \qquad (3.24)$$

avec:

$$\varepsilon(k+1) = r(k+1) - \hat{y}(k+1) \qquad (3.25)$$

En utilisant la structure du réseau de neurones, l'équation (3.22) s'écrit encore:

$$\hat{y}(k+1) = w_2[\tanh(w_1 \varphi(k) + \vartheta_1)] + \vartheta_2 \qquad (3.26)$$

où w_1 et w_2 représentent respectivement les poids de la première et de la deuxième couches, ϑ_1 et ϑ_2 sont leurs biais et $\tanh(x) = \dfrac{1}{1 + e^{-x}}$.

La minimisation de $J_1(k)$ par une simple méthode de descente du gradient donne:

$$u(k+1) = u(k) - \eta \frac{\partial J_1(k)}{\partial u(k)} \qquad (3.27)$$

où η est un pas d'apprentissage, qui doit être choisi de façon appropriée $(0 < \eta < 1)$.

D'après l'équation (3.24), on a:

$$\frac{\partial J_1(k)}{\partial u(k)} = -\varepsilon(k+1)\frac{\partial \hat{y}(k+1)}{\partial u(k)} \tag{3.28}$$

avec $\dfrac{\partial \hat{y}(k+1)}{\partial u(k)}$ est le gradient du modèle neuronal par rapport à $u(k)$.

Remplaçons l'équation (3.28) dans l'équation (3.27), on obtient:

$$u(k+1) = u(k) + \eta\varepsilon(k+1)\frac{\partial \hat{y}(k+1)}{\partial u(k)} \tag{3.29}$$

Le gradient $\dfrac{\partial \hat{y}(k+1)}{\partial u(k)}$ peut être déterminé analytiquement en utilisant la structure du réseau de neurones (équation 3.26). Il est donné par:

$$\frac{\partial \hat{y}(k+1)}{\partial u(k)} = w_2[1 - \tanh^2(w_1\varphi(k) + \vartheta_1)]w_1\frac{d\varphi(k)}{du(k)} \tag{3.30}$$

avec:

$$\frac{d\varphi(k)}{du(k)} = [0, 0,...,0,\ 1, 0,...,0]^{\mathrm{T}} \tag{3.31}$$

Finalement, l'équation (3.29) devient:

$$u(k+1) = u(k) + \eta\varepsilon(k+1)w_2[1 - \tanh^2(w_1\varphi(k) + \vartheta_1)]w_1\frac{d\varphi(k)}{du(k)} \tag{3.32}$$

Extension de l'algorithme

L'algorithme décrit ci-dessus peut être amélioré en utilisant les techniques de la commande prédictive généralisée, qui consiste à élaborer une séquence future de la commande afin de minimiser les erreurs futures entre la sortie et la consigne. Ainsi, on propose ici un nouvel algorithme de commande prédictive non linéaire, qui représente une extension de l'algorithme déjà présenté. Le critère précédemment introduit sous forme analytique (3.19) peut également s'écrire sous forme matricielle. En effet, considérons le vecteur des instants futurs du signal de référence sur l'horizon de prédiction N_p, qui s'écrit:

$$R_{N_p}^{\mathrm{T}}(k) = [r(k+1),...,r(k+N_p)] \tag{3.33}$$

Soit le vecteur des instants futurs sur l'horizon de prédiction N_p de la sortie prédite par le modèle neuronal (3.26):

$$\hat{Y}_{N_p}^{\mathrm{T}}(k) = [\hat{y}(k+1),...,\hat{y}(k+N_p)] \tag{3.34}$$

On définit le vecteur d'erreur entre la sortie prédite et le signal de référence par:

$$\xi_{N_p}^{\mathrm{T}}(k) = [\varepsilon(k+1),...,\varepsilon(k+N_p)] \tag{3.35}$$

où :

$$\varepsilon(k+i) = r(k+i) - \hat{y}(k+i) \tag{3.36}$$

La séquence future de la commande est élaborée sur l'horizon de la commande N_u, afin de minimiser les erreurs futures $\varepsilon(k+i)$. Soit:

$$U_{N_u}^{\mathrm{T}}(k) = [u(k),...,u(k+N_u-1)] \tag{3.37}$$

L'expression matricielle du critère à minimiser s'écrit:

$$J_2(k) = \frac{1}{2}[\xi_{N_p}^{\mathrm{T}}(k)\xi_{N_p}(k)] + \frac{\lambda}{2}[\tilde{U}_{N_u}^{\mathrm{T}}(k)\tilde{U}_{N_u}(k)] \tag{3.38}$$

où:

$$\tilde{U}_{N_u}(k) = U_{N_u}(k) - U_{N_u}(k-1) \tag{3.39}$$

qui s'écrit encore sous une autre forme:

$$\tilde{U}_{N_u}(k) = \Delta U_{N_u}(k) \tag{3.40}$$

La minimisation de ce critère par rapport $U_{N_u}(k)$, utilisant la méthode du gradient, conduit à:

$$\frac{\partial J_2(k)}{\partial U_{N_u}(k)} = -\xi_{N_p}^{\mathrm{T}}(k)\frac{\partial \hat{Y}_{N_p}(k)}{\partial U_{N_u}(k)} + \lambda \tilde{U}_{N_u}(k) \tag{3.41}$$

qui s'écrit encore:

$$\frac{\partial J_2(k)}{\partial U_{N_u}(k)} = -\xi_{N_p}^{\mathrm{T}}(k)\frac{\partial \hat{Y}_{N_p}(k)}{\partial U_{N_u}(k)} + \lambda(U_{N_u}(k) - U_{N_u}(k-1)) \tag{3.42}$$

Pour déterminer la solution optimale, on annule le gradient:

$$\frac{\partial J_2(k)}{\partial U_{N_u}(k)} = -\xi_{N_p}^{\mathrm{T}}(k)\frac{\partial \hat{Y}_{N_p}(k)}{\partial U_{N_u}(k)} + \lambda(U_{N_u}(k) - U_{N_u}(k-1)) = 0 \tag{3.43}$$

ce qui donne:

$$U_{N_u}(k) = U_{N_u}(k-1) + \frac{1}{\lambda}\xi_{N_p}^{\mathrm{T}}(k)\frac{\partial \hat{Y}_{N_p}(k)}{\partial U_{N_u}(k)} \tag{3.44}$$

avec:

$$\frac{\partial \hat{Y}_{N_p}(k)}{\partial U_{N_U}(k)} = \begin{bmatrix} \dfrac{\partial \hat{y}(k+1)}{\partial u(k)} & 0 & \cdots & 0 \\[2mm] \dfrac{\partial \hat{y}(k+2)}{\partial u(k)} & \dfrac{\partial \hat{y}(k+2)}{\partial u(k+1)} & \cdots & 0 \\[2mm] \cdot & \cdot & \cdot & \cdot \\ \cdot & \cdot & \cdot & \cdot \\ \cdot & \cdot & \cdot & \cdot \\ \dfrac{\partial \hat{y}(k+N_p)}{\partial u(k)} & \dfrac{\partial \hat{y}(k+N_p)}{\partial u(k+1)} & \cdots & \dfrac{\partial \hat{y}(k+N_p)}{\partial u(k+N_u-1)} \end{bmatrix} \tag{3.45}$$

Chaque élément de la matrice (3.45) peut être trouvé en dérivant l'équation (3.22) par rapport à chaque élément du (3.37).

La matrice Jacobienne (3.45) doit être calculée à chaque itération, afin de déterminer la nouvelle commande à appliquer au système. Le calcul de cette matrice s'effectue de la façon suivante:

$$\frac{\partial \hat{y}(k+L)}{\partial u(k+H-1)} = \frac{\partial \hat{f}(\varphi(k))}{\partial u(k+H-1)} + \sum_{i=H}^{L-1} \frac{\partial \hat{f}(\varphi(k))}{\partial \hat{y}(k+i)} \left[\frac{\partial \hat{y}(k+i)}{\partial u(k+H-1)} \right]$$

(3.46)

$$\text{avec} \quad L = 1,...,N_p \quad \text{et} \quad H = 1,2,...,N_u$$

La détermination de cette matrice, à chaque itération, semble un peu lourde, surtout lorsque l'horizon de prédiction et l'horizon de commande sont grands. En effet, il est difficile d'utiliser cet algorithme en temps réel. On propose dans la suite un développement mathématique qui permet d'obtenir une forme récursive pour le calcul de la matrice Jacobienne.

Supposons que $N_p = N_u = 3$:

- Pour $H = 1$ et $L = 1$, l'équation (3.46) donne:

$$\frac{\partial \hat{y}(k+1)}{\partial u(k)} = \frac{\partial \hat{f}(\varphi(k))}{\partial u(k)}$$

(3.47)

- Pour $H = 2$ et $L = 1$,

$$\frac{\partial \hat{y}(k+1)}{\partial u(k+1)} = 0$$

(3.48)

- Pour $H = 3$ et $L = 1$,

$$\frac{\partial \hat{y}(k+1)}{\partial u(k+2)} = 0$$

(3.49)

- Pour $H = 1$ et $L = 2$,

$$\frac{\partial \hat{y}(k+2)}{\partial u(k)} = \frac{\partial \hat{f}(\varphi(k))}{\partial u(k)} + \frac{\partial \hat{f}(\varphi(k))}{\partial \hat{y}(k+1)} \left[\frac{\partial \hat{y}(k+1)}{\partial u(k)} \right]$$

(3.50)

- Pour $H = 2$ et $L = 2$,

131

$$\frac{\partial \hat{y}(k+2)}{\partial u(k+1)} = \frac{\partial \hat{f}(\varphi(k))}{\partial u(k+1)} \tag{3.51}$$

- Pour $H = 3$ et $L = 2$,

$$\frac{\partial \hat{y}(k+2)}{\partial u(k+2)} = 0 \tag{3.52}$$

- Pour $H = 1$ et $L = 3$,

$$\frac{\partial \hat{y}(k+3)}{\partial u(k)} = \frac{\partial \hat{f}(\varphi(k))}{\partial u(k)} + \frac{\partial \hat{f}(\varphi(k))}{\partial \hat{y}(k+1)}\left[\frac{\partial \hat{y}(k+1)}{\partial u(k)}\right] + \frac{\partial \hat{f}(\varphi(k))}{\partial \hat{y}(k+2)}\left[\frac{\partial \hat{y}(k+2)}{\partial u(k)}\right] \tag{3.53}$$

- Pour $H = 2$ et $L = 3$,

$$\frac{\partial \hat{y}(k+3)}{\partial u(k+1)} = \frac{\partial \hat{f}(\varphi(k))}{\partial u(k+1)} + \frac{\partial \hat{f}(\varphi(k))}{\partial \hat{y}(k+2)}\left[\frac{\partial \hat{y}(k+2)}{\partial u(k+1)}\right] \tag{3.54}$$

- Pour $H = 3$ et $L = 3$,

$$\frac{\partial \hat{y}(k+3)}{\partial u(k+2)} = \frac{\partial \hat{f}(\varphi(k))}{\partial u(k+2)} \tag{3.55}$$

A partir des équations (3.47)-(3.55), on peut remarquer que l'équation (3.47) est une partie de l'équation (3.50). Cette dernière est une partie de l'équation (3.53), etc..

Pour faire apparaître la relation de récurrence, on arrange les équations de la façon suivante:

$$\frac{\partial \hat{y}(k+2)}{\partial u(k)} = \frac{\partial \hat{y}(k+1)}{\partial u(k)} + \frac{\partial \hat{f}(\varphi(k))}{\partial \hat{y}(k+1)}\left[\frac{\partial \hat{y}(k+1)}{\partial u(k)}\right] \tag{3.56}$$

$$\frac{\partial \hat{y}(k+3)}{\partial u(k)} = \frac{\partial \hat{y}(k+2)}{\partial u(k)} + \frac{\partial \hat{f}(\varphi(k))}{\partial \hat{y}(k+2)}\left[\frac{\partial \hat{y}(k+2)}{\partial u(k)}\right] \tag{3.57}$$

et

$$\frac{\partial \hat{y}(k+3)}{\partial u(k+1)} = \frac{\partial \hat{y}(k+2)}{\partial u(k+1)} + \frac{\partial \hat{f}(\varphi(k))}{\partial \hat{y}(k+2)}\left[\frac{\partial \hat{y}(k+2)}{\partial u(k+1)}\right] \tag{3.58}$$

D'après ces équations, la forme récursive de l'équation (3.46) destinée au calcul des éléments de la matrice Jacobienne est donnée par:

$$\frac{\partial \hat{y}(k+L)}{\partial u(k+H-1)} = \frac{\partial \hat{y}(k+L-1)}{\partial u(k+H-1)}\left[1+\frac{\partial \hat{f}(\varphi(k))}{\partial \hat{y}(k+L-1)}\right] \qquad (3.59)$$

L'équation (3.59) montre qu'au lieu de calculer tous les éléments de la matrice Jacobienne, on calcule uniquement les éléments de la diagonale et les dérivés partielles de $\hat{f}(.)$ par rapport aux sorties estimées précédentes.

Les deux termes de l'équation (3.59) sont calculés comme suit:

$$\frac{\partial \hat{y}(k+L-1)}{\partial u(k+H-1)} = w_2[1-\tanh^2(w_1\varphi(k)+\vartheta_1)]w_1\frac{d\varphi(k)}{du(k)} \qquad (3.60)$$

et

$$\frac{\partial \hat{f}(\varphi(k))}{\partial \hat{y}(k+L-1)} = w_2[1-\tanh^2(w_1\varphi(k)+\vartheta_1)]w_1\frac{d\varphi(k)}{d\hat{y}(k)} \qquad (3.61)$$

avec:

$$\frac{d\varphi(k)}{d\hat{y}(k)} = [1,0,...,0,\ 0,0,...,0]^{\mathrm{T}} \qquad (3.62)$$

3.7.2. Simulations

Considérons le système de la Figure 1.24, qui est destiné pour l'arrosage d'un champ agricole. On cherche à régler le niveau d'eau du bac 1, en utilisant la commande prédictive neuronale décrite ci-dessus. Pour réaliser ce type de commande, on doit d'abord élaborer le modèle direct neuronal du système (c'est la phase de la modélisation étudiée dans le chapitre 1).

Elaboration du modèle

Cette étape consiste à représenter le comportement dynamique du système à l'aide d'un modèle neuronal. Ce modèle à pour rôle de prédire la sortie du système sur un certain horizon, ce qui permet d'élaborer une séquence future de commande. La figure 3.13 montre la structure du réseau de neurones destinée à réaliser cette tâche. Ce réseau contient, une couche cachée contenant six neurones et une couche de sortie avec un seul neurone. L'entraînement du réseau est fait à l'aide de l'algorithme de rétropropagation, en minimisant le critère quadratique suivant:

$$J_3(k) = \sum_{i=1}^{k} (y(i) - \hat{y}(i, \hat{\theta}(k)))^2 \tag{3.63}$$

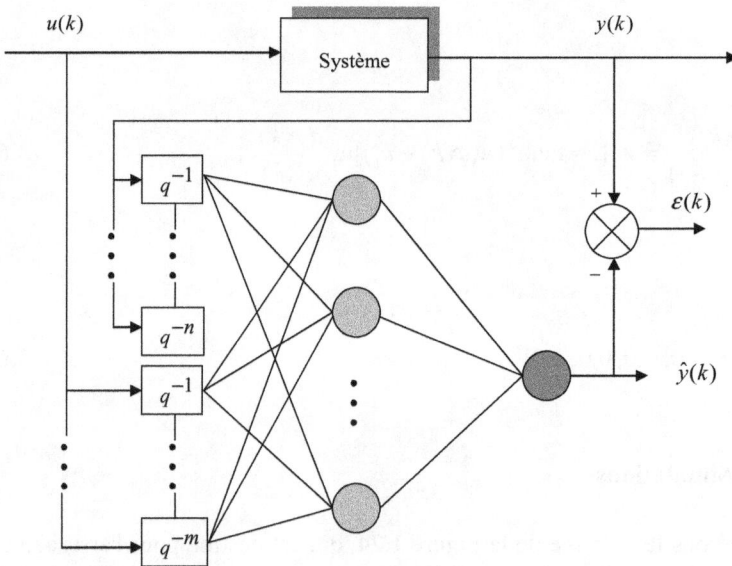

Figure 3.13. *Structure du réseau de neurones pour la commande.*

où θ représente le vecteur des paramètres du réseau de neurones (poids et biais). La Figure 3.14 montre la réponse du système $y(k)$ et la sortie estimée du réseau de neurones $\hat{y}(k)$ ainsi que l'erreur de prédiction $\varepsilon(k)$.

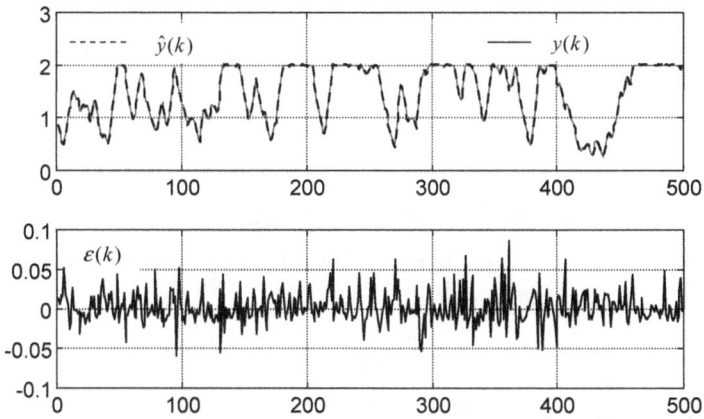

Figure 3.14. *Le modèle neuronal obtenu et l'erreur de prédiction.*

Les fonctions d'autocorrélation des résidus et d'intercorrélation entre l'entrée et les résidus (voir Figure 3.15) sont à l'intérieur des intervalles de confiance, validant ainsi l'utilisation du réseau obtenu comme modèle du système étudié.

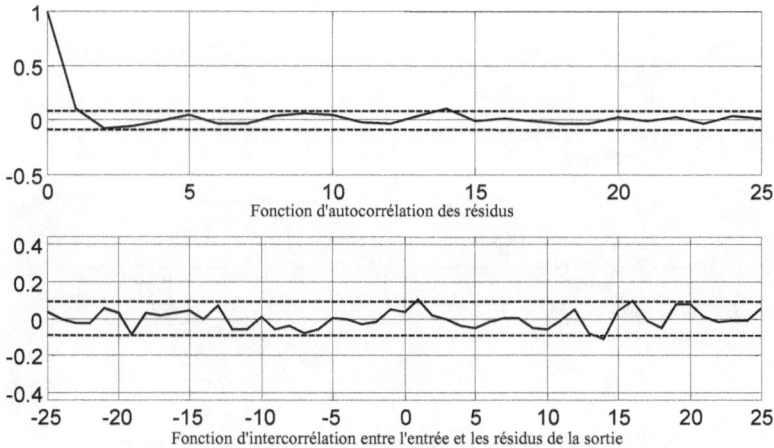

Figure 3.15. *Tests de validation du modèle.*

135

Une fois le modèle neuronal est obtenu, on utilise la structure de commande présentée par la Figure 3.12 et l'algorithme de commande décrit ci-dessus pour piloter le système.

Pour le jeu de paramètres suivants: $N_p = 2$, $N_u = 1$ et $\lambda = 0.0045$, on remarque que la sortie du système suit convenablement le signal de référence (voir Figure 3.16). Néanmoins, le signal de commande présente des fluctuations (voir Figure 3.17).

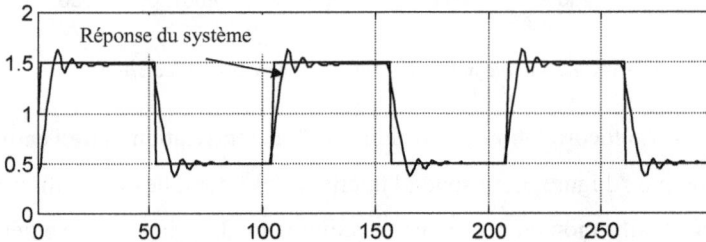

Figure 3.16. *réponse du système suite à une commande prédictive neuronale.*

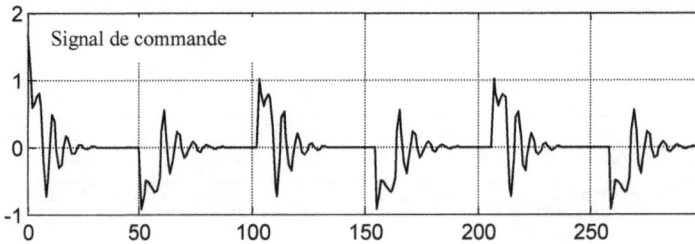

Figure 3.17. *Signal de la commande appliquée au système.*

Pour un autre choix de la valeur de pondération λ ($\lambda = 0.05$), les fluctuations de la commande ont considérablement diminué. Ceci est illustré Figures 3.18 et 3.19.

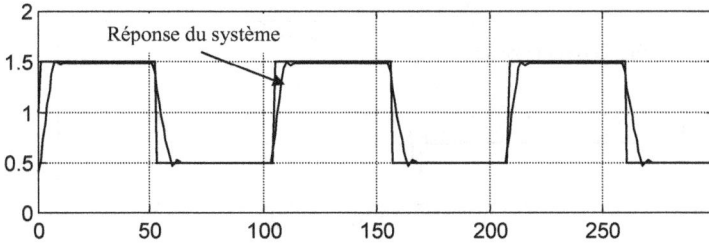

Figure 3.18. *Réponse du système suite à une commande prédictive neuronale (λ=0.05).*

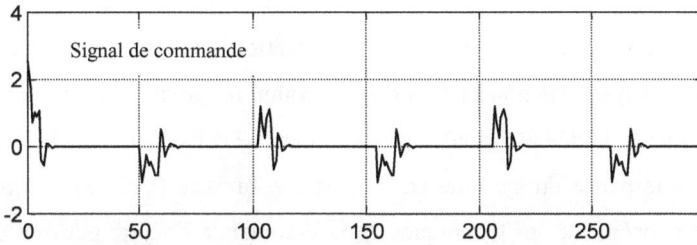

Figure 3.19. *Signal de la commande appliquée au système (λ=0.0045).*

Cette structure de commande est basée sur le modèle du système, ce qui fait, elle est très sensible aux changements paramétriques du système. Cependant, la Figure 3.20 montre que lorsque les paramètres du système changent, la sortie du système n'arrive plus à suivre le signal de référence. Pour résoudre ce problème, on doit utiliser une structure de commande adaptative.

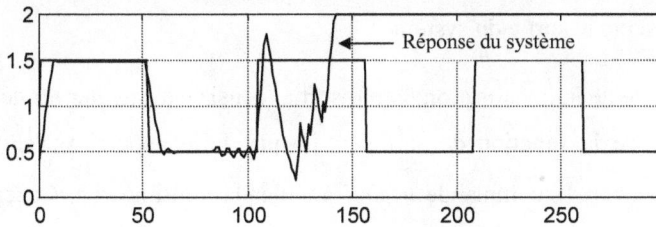

Figure 3.20. *Réponse du système suite à un changement paramétrique.*

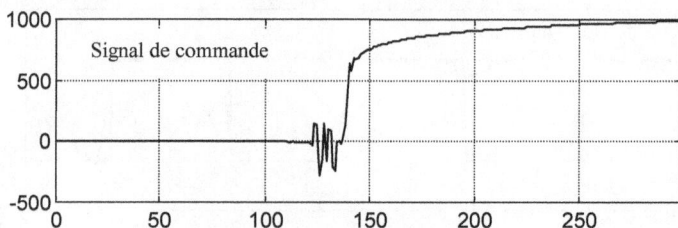

Figure 3.21. *Signal de commande.*

3.8. Commande par linéarisation

La linéarisation du retour (feedback linearization) est une approche de commande des systèmes non linéaires, qui a connu un grand essor durant ces dernières années. L'idée principale de cette approche consiste à transformer la totalité ou une partie du système en un système linéaire (voir, e.g. Slotine, 1991). Par conséquent, les techniques de la commande linéaire peuvent être alors appliquées.

3.8.1. Linéarisation entrée-sortie

Dans ce qui suit, on présente la linéarisation entrée-sortie d'un système non linéaire SISO décrit par la représentation d'état suivante:

$$\begin{cases} \dot{x} = f(x) + g(x)u \\ y = h(x) \end{cases} \tag{3.64}$$

où y représente la sortie du système.

L'idée de base de la linéarisation entrée-sortie, consiste à calculer les dérivées successives de la fonction de sortie y jusqu'à faire apparaître l'entrée u, ensuite concevoir la commande u pour annuler la non-linéarité. Cependant, dans certains cas la deuxième partie ne peut pas être exécutée, car le degré relatif du système n'est pas défini.

Notion de degré relatif

Soit un système monovariable décrit par un modèle de type (3.64).

Rappelons que pour une fonction scalaire $\kappa(x)$ et un champ de vecteur $f(x)$, on définit la dérivée de Lie, de la façon suivante:

$$\begin{cases} L_f\kappa(x) = \langle d\kappa, f \rangle = \dfrac{\partial \kappa(x)}{\partial x} f(x) \\ L_f^i\kappa(x) = \dfrac{\partial(L_f^{i-1}\kappa(x))}{\partial x} f(x) \end{cases} \tag{3.65}$$

avec $L_f^0\kappa(x) = \kappa(x)$

Définition 3.1: On dit qu'un système, tel que décrit par (3.64) a un degré relatif r dans une région Ω si $\forall x \in \Omega$,

1) $L_g L_f^i h(x) = 0$, $\forall\, 0 \le i < r-1$;

2) $L_g L_f^{r-1} h(x) \ne 0$.

Dans le cas des systèmes linéaires, le degré relatif représente la différence entre le nombre de pôles et le nombre de zéros de la fonction de transfert.

Si on se place dans une région Ω_x dans l'espace d'état et on dérive la sortie du système y, on obtient:

$$\dot{y} = \frac{\partial h(x)}{\partial x}[f(x) + g(x)u] \tag{3.66}$$

qui s'écrit encore:

$$\dot{y} = L_f h(x) + L_g h(x)u \tag{3.67}$$

Si $L_g h(x) \ne 0$ pour $x = x_0 \in \Omega_x$, alors cette relation est vérifiée dans une région finie Ω au voisinage de x_0. Dans cette région, la transformation de l'entrée est donnée par:

$$u = \frac{1}{L_g h(x)} (v - L_f h(x)) \tag{3.68}$$

où :

$$v = \dot{y} \tag{3.69}$$

Si $L_g h(x) = 0$ pour tout $x \in \Omega_x$, alors on calculera $\ddot{y}$. En effet, le degré relatif est le nombre de dérivations que l'on doit faire sur la fonction de sortie y pour que l'entrée u puisse explicitement apparaître dans l'expression de sa dérivée.

$$\begin{cases} \ddot{y} = L_f^2 h(x) + L_g L_f h(x) u \\ \cdot \\ \cdot \\ y^{(r)} = L_f^r h(x) + L_g L_f^{r-1} h(x) u \end{cases} \tag{3.70}$$

D'après la relation (3.70) et avec une simple relation linéaire $y^{(r)} = v$, et si $L_g L_f^{r-1} h(x) \neq 0$, alors la commande est déterminée par:

$$u = \frac{1}{L_g L_f^{r-1} h(x)} (v - L_f^r h(x)) \tag{3.71}$$

qui s'écrit encore:

$$u = \frac{1}{\wp(x)} (v - \Im(x)) \tag{3.72}$$

3.8.2. Commande neuronale discrète par linéarisation entrée-sortie

On propose, dans cette section une loi de commande neuronale discrète par linéarisation entrée-sortie, en utilisant une structure de commande, telle que donnée par l'équation (3.72). Cette structure de commande est basée sur le modèle neuronal du système à piloter. Ce modèle doit avoir la forme particulière suivante:

$$\hat{y}(k+1) = \hat{\Im}(\varphi(k), \theta_{\Im}) + \hat{\wp}(\varphi(k), \theta_{\wp})u(k) \qquad (3.73)$$

où:

$$\varphi^{\mathrm{T}}(k) = [y(k)...y(k-n+1)\, u(k-1)...u(k-m+1)] \qquad (3.74)$$

$\hat{\Im}(.)$ et $\hat{\wp}(.)$ sont deux réseaux de neurones séparés, et $\theta_{\Im}$ et $\theta_{\wp}$ représentent respectivement leurs vecteurs des paramètres (poids et biais). La Figure 3.22 montre la structure d'un modèle neuronal, qui va être utilisé pour la commande (voir e.g., Yaich *et al.*, 2000a)

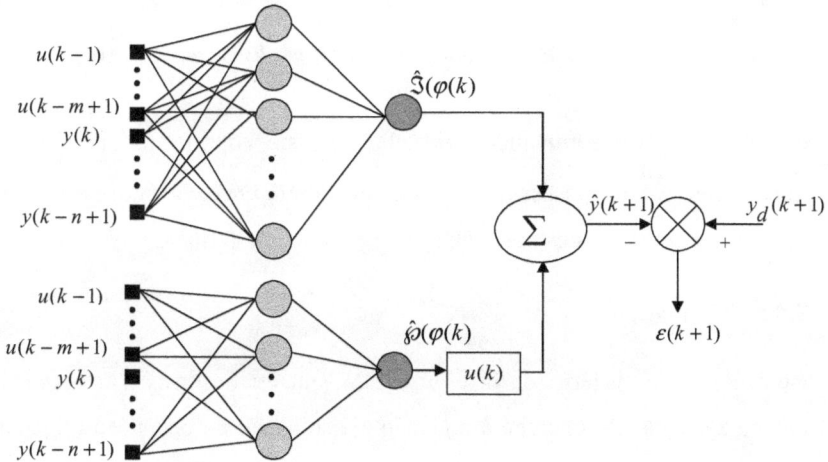

Figure 3.22. *Structure du réseau de neurones.*

La commande par linéarisation du retour est calculée à partir de l'expression (3.73). Elle s'écrit comme suit:

141

$$u(k) = \frac{\upsilon(k) - \hat{\Im}(\varphi(k), \theta_{\Im})}{\hat{\wp}(\varphi(k), \theta_{\wp})} \qquad (3.75)$$

Le principe de cette commande est donné Figure 3.23.

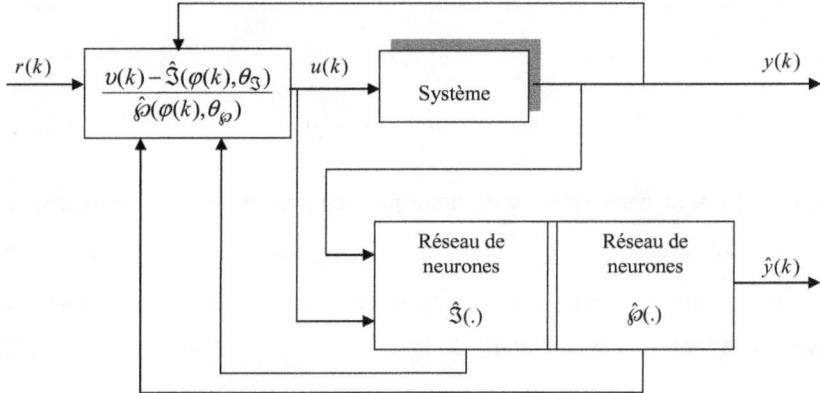

Figure 3.23. *Structure de commande neuronale par linéarisation entrée sortie.*

où $\upsilon(k)$ est une commande "virtuelle" choisie comme une combinaison linéaire des instants passés de la sortie plus la référence. Ce choix permet une affectation arbitraire des pôles du système en boucle fermée.

3.8.3. Simulations

Considérons le système de la Figure 1.24, qui est destiné à l'arrosage d'un champ agricole. On cherche à régler le niveau d'eau du bac 1, en utilisant la commande neuronale par linéarisation entrée-sortie décrite ci-dessus. Pour réaliser ce type de commande, on doit d'abord élaborer le modèle neuronal du système sous la forme (3.73). Cependant, les deux réseaux de neurones $\Im(.)$ et $\wp(.)$ sont entraînés simultanément par la méthode de Levenberg-Marquard (voir Figure 3.22).

La Figure 3.24 montre la sortie du système $y(k)$ et la sortie estimée par le réseau de neurones.

Sortie du système ——   Sortie estimée ·······

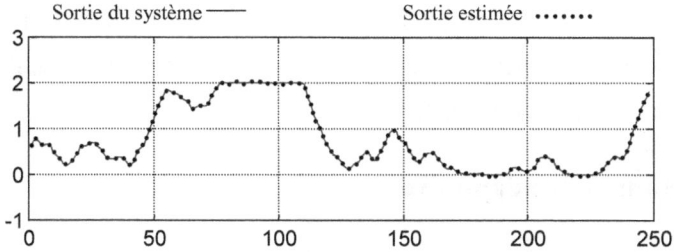

Figure 3.24. *Sortie mesurée et sortie prédite par le réseau de neurones.*

Une fois la phase de la modélisation est terminée, on utilise la structure de commande (voir Figure 3.23) pour commander le système. La Figure 3.25 montre la réponse du système, qui suit une dynamique linéaire dont l'équation caractéristique est donnée par: $D(q) = q^2 - 1.4q + 0.49$, et le signal de commande correspondant.

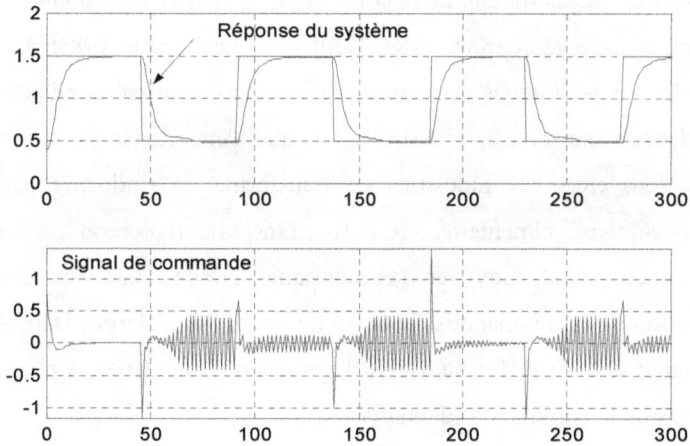

Figure 3.25. *Réponse du système et signal de commande.*

On remarque que cette stratégie de commande présente des résultats satisfaisants. En effet, le système suit convenablement le signal de référence. Cette structure de commande, comme la commande prédictive, est basée sur le modèle du système, ce qui fait, elle est très sensible aux changements paramétriques du système. Pour résoudre ce problème, on doit utiliser une structure de commande adaptative.

3.9. Commande adaptative

La nécessité de plus en plus fréquente de commande des systèmes à paramètres inconnus et/ou variables dans le temps a fait naître au début des années 50 une technique de commande de type adaptative. Dans une telle technique, les paramètres de la loi de commande sont ajustés automatiquement au cours du temps en fonction des variations paramétriques et, éventuellement, structurelles du système à commander; ceci afin de réaliser ou de maintenir des indices de performances souhaités. Il est toutefois impératif de savoir quand faut-il utiliser la commande adaptative. Des réponses à ceci sont données dans Landau (1984). Plusieurs articles de synthèse et ouvrages traitant de la commande adaptative sont publiés dans la littérature (voir, e.g., Aström, 1983; Iserman et Lachmann, 1985; Aström *et al.*, 1997). Les techniques de commande adaptative ont été appliquées avec succès dans divers secteurs industriels, tels que: l'énergie (fours, systèmes de climatisation, etc.), les industries de transformation (industrie papetière, industrie sucrière, cimenterie, etc.), les transports (automobiles, bateaux, domaine aérospatial, etc.) et la robotique. Notons que les domaines d'application de la commande adaptative ne cessent de s'élargir. Dans Aström (1983), sont donnés différents types d'applications industrielles utilisant les techniques de la commande adaptative.

Dans ce qui suit, on présente les principes de la commande adaptative. Les approches les plus utilisées en l'occurrence, l'approche par modèle de référence directe et indirecte font également l'objet d'une présentation détaillée. On présente ensuite les extensions aux systèmes non linéaires en utilisants les réseaux de neurones.

Un système de commande adaptative comprend deux boucles: une boucle de commande à contre réaction, qui comporte, soit le régulateur, soit le correcteur, et le système à commander et une boucle d'adaptation qui agit sur les paramètres du régulateur afin de maintenir les performances du système en présence de variations des paramètres du système. On présente à la Figure 3.26 la structure générale d'un schéma de commande adaptative. La structure du schéma implicite de commande adaptative donnée Figure 3.26, comporte les éléments suivants:

- performances obtenues, qui correspondent à la sortie du système ;
- performances désirées, qui représentent le signal de référence ;
- mécanisme d'adaptation, qui permet d'ajuster automatiquement les paramètres du régulateur ou du correcteur; ceci en fonction de l'écart entre la sortie du système et le signal de référence et des signaux de l'entrée et de la sortie du système.

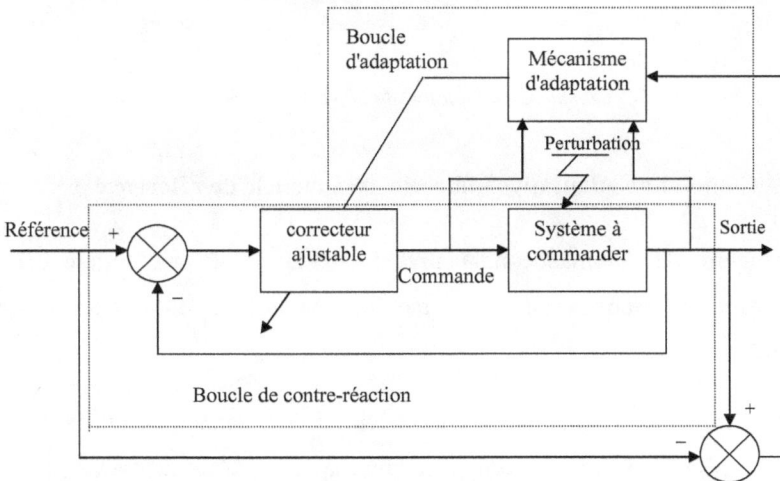

Figure 3.26. *Structure générale de la commande adaptative.*

145

3.9.1. Commande adaptative directe avec modèle de référence

Dans ce type de commande, les paramètres du régulateur sont ajustés directement en ligne et ceci en fonction de l'écart entre la sortie du système et celle du modèle de référence. L'approche de la commande adaptative directe a été largement utilisée avec succès, en raison notamment de sa simplicité; toutefois son utilisation ne demande pas l'identification du système.

La Figure 3.27 montre le principe d'une telle commande.

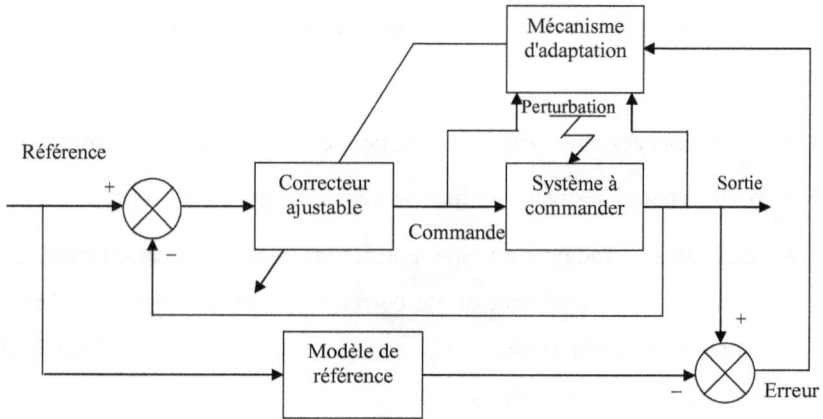

Figure 3.27. *Commande adaptative directe avec modèle de référence.*

3.9.2. Commande adaptative indirecte avec modèle de référence

La structure de commande adaptative indirecte est donnée Figure 3.28. Cependant, l'ajustement en temps réel des paramètres du correcteur est effectué en deux étapes.

E1. Estimation des paramètres du système à commander, en utilisant une méthode d'identification récursive appropriée et à partir de la connaissance de plusieurs couples d'entrée-sortie.

146

E2. Calcul, pour une stratégie de commande envisagée, les paramètres du régulateur en se basant sur les paramètres estimés du système.

L'approche de la commande adaptative directe a été largement utilisée avec succès en raison notamment de sa simplicité; toutefois son application suppose que les systèmes à commander vérifient un certain nombre de propriétés (minimum de phase, connaissance du retard, etc.), et ce contrairement à l'approche de la commande adaptative indirecte, qui peut s'appliquer à des situations plus contraignantes.

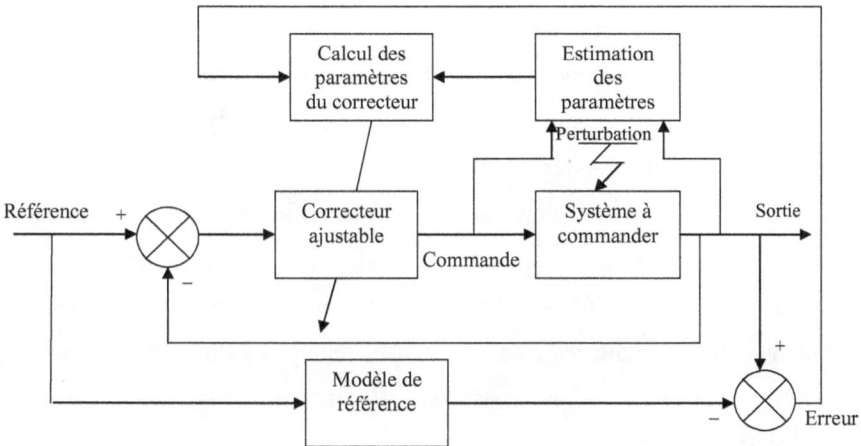

Figure 3.28. *Structure de commande adaptative indirecte.*

De ce fait, il est opportun de bénéficier des avantages des deux approches; à cet égard, la combinaison des deux méthodes a permis de pallier avec suffisamment de succès, aux difficultés rencontrées dans la commande des systèmes complexes. Récemment, plusieurs schémas de commandes adaptatives sont développés en incluant de nouvelles techniques de commande, telles que: la commande prédictive, la commande robuste, la commande par logique floue et la commande par réseaux de neurones.

3.9.3. Commande adaptative neuronale

La structure de base d'une commande adaptative neuronale la plus utilisée est donnée Figure 3.29. L'ajustement des paramètres du régulateur neuronal (modèle inverse) nécessite une certaine connaissance *a priori* du système à commander (Jacobien du système). Le calcul du Jcobien est déterminé à partir du modèle neuronal direct, ceci a été détaillé dans le paragraphe (3.2.3). Toutefois lorsque les paramètres du système changent, le modèle neuronal n'est plus valable pour ajuster les paramètres du régulateur neuronal. Pour cette raison, le modèle neuronal doit être entraîné en ligne chaque fois où il y a une variation paramètrique (voir Figure 3.29). Cette architecture de commande est très utilisée. En effet, on la trouve dans plusieurs travaux publiés dans la littérature. Wu *et al.* (1992) ont utilisé la commande adaptative neuronale pour commander un turbogénérateur. Behara *et al.* (1995) se sont basés sur l'inversion des réseaux de neurones à fonctions de base radiales pour la commande adaptative des systèmes non linéaires. Yamamoto *et al.* (1996) ont appliqué les réseaux de neurones multicouches pour adapter en ligne les paramètres d'un régulateur PID. Datta et Ochao (1996) ont présenté une autre structure de commande adaptative neuronale, basée sur le modèle interne.

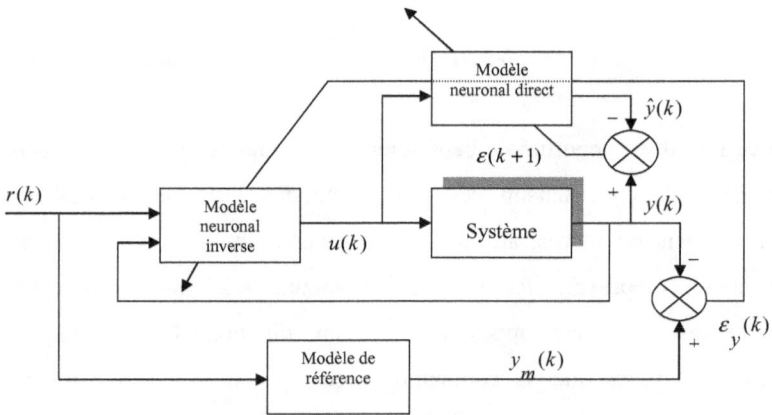

Figure 3.29. *Structure d'une commande adaptative neuronale.*

Dans ce qui suit, on propose deux structures neuronales de commande adaptative. La première est une commande prédictive adaptative et la deuxième est une commande adaptative par linéarisation entrée-sortie.

3.9.4. Commande prédictive adaptative neuronale

On développe dans cette section une nouvelle structure de commande adaptative qui peut être appliquée pour les systèmes à paramètres variables dans le temps. La Figure 3.30 montre l'architecture de cette commande.

Le principe de cette structure de commande est basé sur la minimisation du critère de la variance. Ce critère repose sur l'observation de l'erreur de prédiction $\varepsilon(k)$ donnée par:

$$\varepsilon(k) = y(k) - \hat{y}(k) \tag{3.76}$$

En régime stationnaire, l'erreur $\varepsilon(k)$ est essentiellement constituée par l'écart $(y(k) - \hat{y}(k))$, alors qu'une rupture de modèle l'accroît sensiblement. On considère deux estimations de la variance de l'erreur de prédiction, l'une à long terme et l'autre à court terme (voir, e.g, Djemel et Kamoun, 1994).

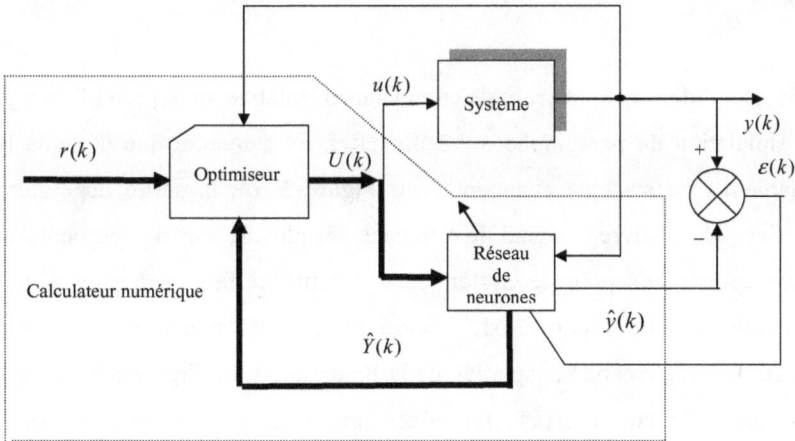

Figure 3.30. *Structure d'une commande prédictive adaptative neuronale.*

149

Estimation à long terme

L'estimation à long terme σ_L^2 est destinée à fournir une évaluation de la variance du bruit. Ainsi, elle n'est actualisée qu'en l'absence de variation des paramètres.

On définit l'estimation à long terme par:

$$\sigma_L^2 = \frac{1}{N_L} \sum_{i=k-N_L+1}^{k} \varepsilon^2(i) \tag{3.77}$$

Estimation à court terme

L'estimation à court terme σ_C^2 permet de détecter les changements du modèle. Elle est définie par:

$$\sigma_C^2 = \frac{1}{N_C} \sum_{i=k-N_C+1}^{k} \varepsilon^2(i) \tag{3.78}$$

Le critère de la variance est basé, par conséquent, sur le rapport de l'estimation à court terme par l'estimation à long terme, soit:

$$J(k) = \frac{\sigma_C^2}{\sigma_L^2} \tag{3.79}$$

Afin de valider cette structure de commande adaptative, on reprend l'exemple de simulation du paragraphe 3.7.2. En effet, on a montré que dés que les paramètres du système changent (voir Figure 3.20), la sortie du système n'arrive plus à suivre le signal de référence. De plus, le modèle neuronal n'est plus représentatif pour le système, et il faut lui faire subir un nouvel apprentissage. La Figure 3.31, montre le résultat obtenu en utilisant la structure de commande adaptative de la Figure 3.30. La Figure 3.32, montre l'évolution du critère $J(k)$. En effet, lorsque ce critère croit un nouvel apprentissage en ligne du modèle neuronal se déclenche.

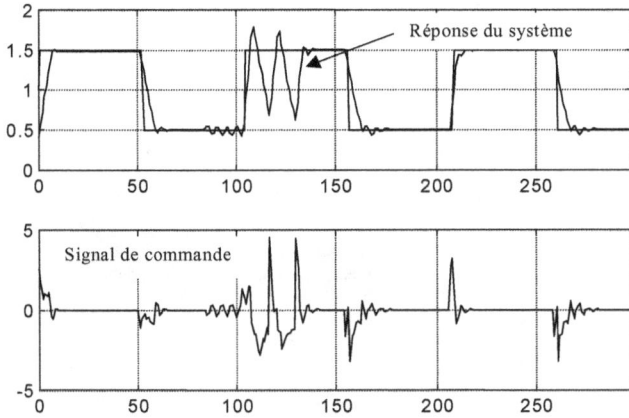

Figure 3.31. *Réponse du système et signal de commande.*

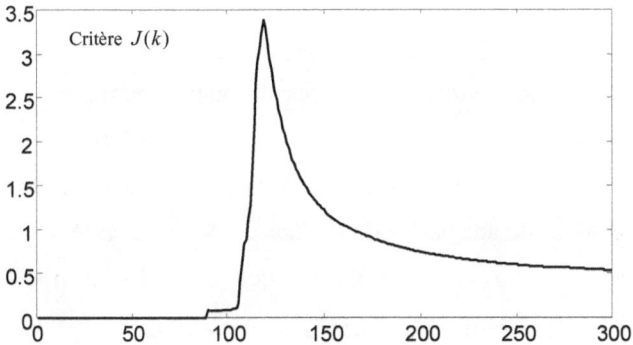

Figure 3.32. *Evolution du critère J(k).*

3.9.5. Commande adaptative neuronale par linéarisation entrée-sortie

Le principe de cette structure de commande est basé sur la minimisation du critère de la variance. Ce critère repose sur l'observation de l'erreur de prédiction $\varepsilon(k)$. La Figure 3.33 montre la structure de la commande adaptative neuronale par linéarisation entrée-sortie qu'on propose.

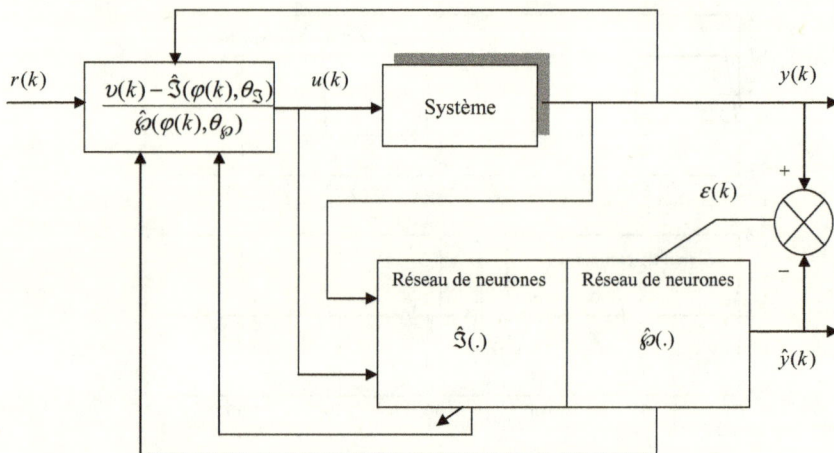

Figure 3.33. *Structure de la commande adaptative neuronale par linéarisation entrée-sortie.*

Afin de valider cette structure de commande adaptative, on reprend l'exemple de la simulation du paragraphe (3.8.3.) auquel on ajoute une variation paramétrique. La Figure 3.34, montre le résultat obtenu en utilisant la structure de commande adaptative de la Figure 3.33. La Figure 3.35, montre l'évolution du critère $J(k)$. En effet, lorsque ce critère croit un nouvel apprentissage en ligne du modèle neuronal se déclenche. Pour plus de détails voir Yaich *et al.* (2001).

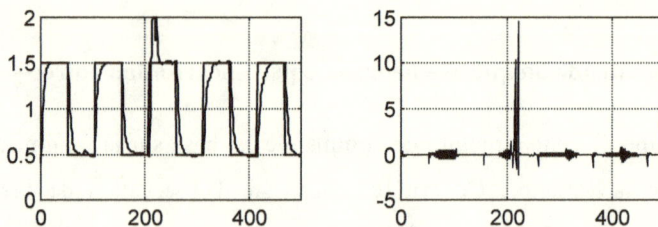

Figure 3.34. *Réponse du système et signal de commande.*

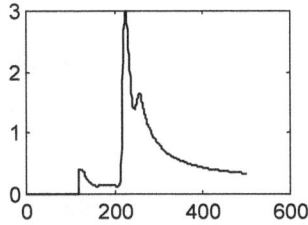

Figure 3.35. *Evolution du critère* $J(k)$.

3.10. Commande par logique floue

La logique floue possède un champ d'application très vaste (modélisation, commande, supervision, base de données imprécise, etc.). Dans ce qui suit, on s'intéresse uniquement à son utilisation dans la commande des systèmes.

Le travail dans le domaine de la commande par logique floue a été initié par Mamdani et Assilian en 1975. Dix ans plus tard, l'application de cette théorie s'est élargie au Japon surtout dans les secteurs industriels, tels que l'électroménager, le transport, l'audiovisuel, les engins mobiles, etc. Dès 1990, les européens, principalement en Allemagne, en Espagne et en France, ont commencé à porter une grande attention à cette technique.

Actuellement la commande floue est le domaine où il existe le plus de réalisations effectives. A titre d'exemples on peut citer Franssilla et Koivo (1992) qui ont appliqué cette technique pour la commande d'un robot industriel. Vermeiren *et al.* (1997) qui ont utilisé la théorie des ensembles flous pour commander une voiture électrique. On trouve aussi dans la littérature d'autres applications (voir e.g. Mir *et al.* 1994 ; De Neyer et Gerez, 1996; Shaocheng *et al.* 1997; Lin et Kan, 1998).

L'objectif de la commande floue est de traiter des problèmes de commande, le plus souvent à partir des connaissances des experts ou d'opérateurs qualifiés travaillant sur le système. De cette manière, les algorithmes de commande conventionnels sont alors remplacés par une série de règles linguistiques de la forme (Si…,Alors….). La logique floue se prête alors bien à la commande des systèmes, non maîtrisables par des méthodes conventionnelles.

En commande, les règles floues utilisées sont généralement de la forme:

$$\text{Si } \underbrace{(X_1 \text{ est } A_1) \text{ et } (X_2 \text{ est } A_2)}_{\text{prémisse}} \text{ Alors } \underbrace{(Y \text{ est } B)}_{\text{conclusion}} \tag{3.80}$$

Lorsque les règles floues se présentent sous une forme plus complexe, elles peuvent s'écrire facilement sous la forme (3.80). Ainsi, selon la stratégie de réglage adoptée, on trouve dans la pratique des règles de la forme:

- si X_1 est A_1, alors (Y est B_1 sinon Y est B_2). Cette règle s'écrit:

$$\begin{cases} \text{si } X_1 \text{ est } A_1, \text{ alors } Y \text{ est } B_1 \\ \qquad\qquad \text{ou} \\ \text{si } X_1 \text{ est } \overline{A}_1, \text{ alors } Y \text{ est } B_2 \end{cases}$$

- si X_1 est A_1, alors (Y est B_1 à moins que X_1 soit A_2). Cette règle s'écrit:

$$\begin{cases} \text{si } X_1 \text{ est } A_1, \text{ alors } Y \text{ est } B_1 \\ \qquad\qquad \text{ou} \\ \text{si } X_1 \text{ est } A_2, \text{ alors } Y \text{ est } \overline{B}_1 \end{cases}$$

- si X_1 est A_1, alors (Y est B_1 sinon (si X_1 est A_2, alors Y est B_2)).

Cette règle s'écrit:

$$\begin{cases} \text{si } X_1 \text{ est } A_1, \text{ alors } Y \text{ est } B_1 \\ \qquad\qquad \text{ou} \\ \text{si } X_1 \text{ est } \overline{A}_1 \text{ et } X_1 \text{ est } A_2, \text{ alors } Y \text{ est } B_2 \end{cases}$$

- si X_1 est A_1, alors (si X_1 est A_2, alors Y est B_1). Cette règle s'écrit:

si X_1 est A_1 et X_1 est A_2, alors Y est B_1

3.10.1. Propriétés de la base de règles

Afin d'assurer une commande satisfaisante du système, des propriétés liées à la base de règles floues doivent être vérifiées, notamment, la consistance, la complétude et la continuité (voir e.g. Lacrose, 1997).

Consistance

Un ensemble de règles floues est consistant s'il ne contient pas de contradictions.

Définition 3.2: Un ensemble de règles floues (si..., alors...), est inconsistant s'il existe au moins deux règles de prémisses identiques mais de conclusions différentes.

Ce problème de consistance peut apparaître lorsque les connecteurs utilisés dans la partie prémisse sont des "OU" ou des opérations de complémentation.

Complétude

Une base de règles est incomplète si, pour une situation quelconque de l'espace d'entrée aucune règle n'est activée. Ceci peut entraîner des discontinuités indésirables dans la loi de commande.

Définition 3.3: Un ensemble de règles floues (Si..., Alors...) est complet si, quelle que soit la combinaison dans l'espace d'entrée, il existe une valeur de la commande.

Soit la base de règle suivante:

R^i : Si u_1 est A_1^i et...et u_n est A_n^i, Alors y est B_i $\qquad (i=1,...,N)$

Une mesure de complétude (C) de la base de règles est donnée par:

$$C(U) = \sum_{i=1}^{N} \left\{ \prod_{j=1}^{n} \mu_{A_j^i}(u_j) \right\}$$ (3.81)

où $U = (u_1, u_2,..., u_n)$ est le vecteur d'entrée.

- Si $C(U)$=0, la base de règle est incomplète.
- Si $0 < C(U) < 1$, la base de règle est sous-complète.
- Si $C(U)$=1, la base de règle est strictement complète.
- Si $C(U) > 1$, la base de règle est sur-complète (redondante).

Continuité

Une base de règles floues est continue, si les règles voisines ont des sous-ensembles flous de sortie avec des intersections non vides.

Définition 3.4: Un ensemble de règles floues (Si…, Alors…) est continu si toutes les règles de prémisses adjacentes, ont des conclusions adjacentes.

3.10.2. Structure générale d'une commande floue

Une commande floue est composée de quatre blocs principaux (voir Figure 3.36):

- base de connaissance, qui contient la base des règles, les données relatives aux paramètres des fonctions d'appartenance, les gains de normalisation et les gains de dénormalisation;

- bloc de décision, appelé encore moteur d'inférence, qui permet de calculer l'ensemble flou associé à la commande;

- fuzzification, qui transforme des entrées précises en degrés d'appartenance;

- défuzzification, qui transforme des résultats flous en sorties précises.

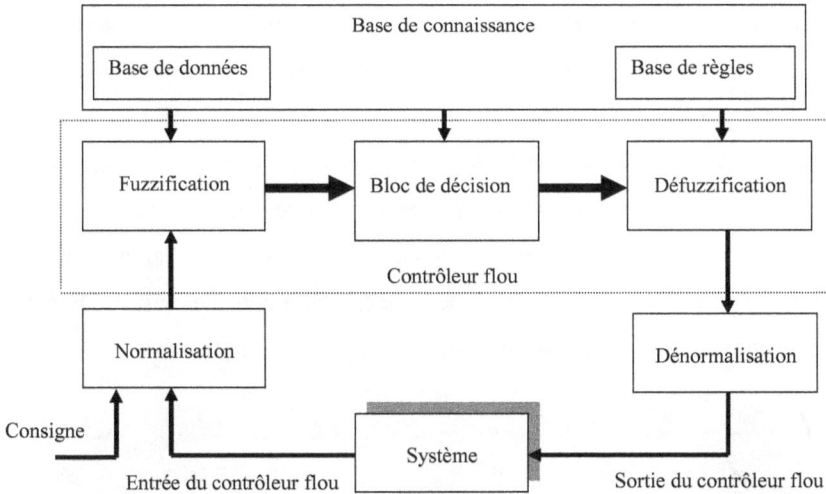

Figure 3.36. *Configuration générale d'une commande floue.*

3.10.3. Procédure de raisonnement flou

On va maintenant, détailler les différentes étapes d'une commande à base de logique floue.

Normalisation et dénormalisation

La normalisation consiste à transformer les grandeurs physiques des entrées (par exemple l'erreur et la variation de l'erreur) en des valeurs normalisées appartenant à l'intervalle [-1,1]. Par contre, la dénormalisation est l'étape inverse, qui consiste à transformer les valeurs normalisées de la commande en des valeurs physiques. Notons que la normalisation et la dénormalisation des variables est une étape facultative.

Fuzzification

La fuzzification peut être considérée comme étant une opération de projection des variables physiques réelles sur des ensembles flous caractérisant les valeurs linguistiques prises par ces variables. La fuzzification d'une mesure précise d'une variable physique réelle permet de caractériser le degré avec lequel la mesure appartient à un ensemble flou donné. En général, les fonctions d'appartenance qui représentent les valeurs linguistiques sont définies en forme triangulaire, trapézoïdale, gaussiennes, etc. Toutefois, il n'y a pas de règle précise pour le choix de la forme des fonctions d'appartenance. Tandis que le nombre des fonctions d'appartenance, il est généralement impair car elles se répartissent autour de zéro. La Figure 3.37, montre un exemple des fonctions d'appartenance triangulaires.

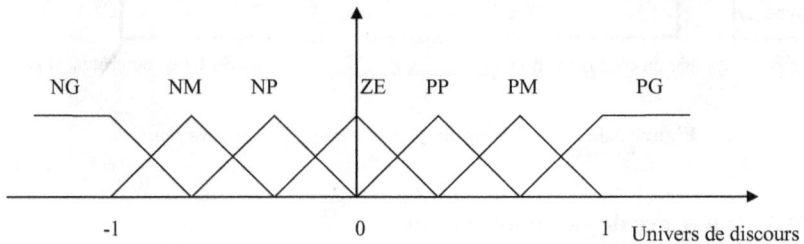

Figure 3.37. *Fonctions d'appartenance en forme triangulaire.*

La désignation habituelle des ensembles flous est:

- NG   Négatif Grand
- NM   Négatif Moyen
- NP   Négatif Petit
- ZE   Zéro
- PP   Positif Petit
- PM   Positif Moyen
- PG   Positif Grand

Inférence floue

L'inférence floue permet d'évaluer un degré de vérité d'une règle à partir des valeurs de la prémisse d'une part, et celle de la conclusion d'autre part. Les opérateurs les plus populaires en commande floue sont les implications dites de Mamdani et de Larsen:

- implication de Mamdani , $\mu_R(x, y) = \min(\mu_A(x), \mu_B(y))$
- implication de Larsen , $\mu_R(x, y) = \mu_A(x)\mu_B(x)$

L'inférence floue est basée sur l'utilisation de l'implication floue de type "modus ponens" généralisé. En logique classique, le "modus ponens" permet, à partir d'une règle de type «Si X est A, Alors Y est B» et du fait «X et A», de conclure le fait «Y et B», qui sera ajouté à la base des faits. Cependant, Zadeh a étendu ce principe au cas flou, principe que l'on appelle alors modus ponens généralisé. A partir de la règle «Si X est A, Alors Y est B» et du fait «X et A'», on déduit un nouveau fait B' caractérisé par un ensemble flou dont la fonction d'appartenance est:

$$\mu_{B'}(y) = \sup_{x \in X} \min(\mu_{A'}(x), \mu_R(x, y)) \qquad (3.82)$$

Les fonctions d'appartenance $\mu_{A'}(x)$ et $\mu_R(x, y)$ caractérisent respectivement le fait A' et la règle. Si A' est réduit à un singleton x_0, c'est-à-dire:

$$\mu_{A'}(x) = 1 \quad \text{si} \quad x = x_0$$

et

$$\mu_{A'}(x) = 0 \quad \text{si} \quad x \neq x_0$$

alors, pour une implication de Mamdani, on obtient:

159

$$\mu_{B'}(y) = \min(\mu_A(x_0), \mu_B(y)) \tag{3.83}$$

Supposons qu'un système flou possède deux entrées x_1, x_2 et une sortie y et que l'on définit 9 règles linguistiques comme suit:

- Si x_1 est NG et x_2 est ZE, alors y est PG ou
- Si x_1 est NP et x_2 est ZE, alors y est PP ou
- Si x_1 est ZE et x_2 est ZE, alors y est ZE ou
- Si x_1 est PP et x_2 est ZE, alors y est NP ou
- Si x_1 est PG et x_2 est ZE, alors y est NG ou
- Si x_1 est ZE et x_2 est NG, alors y est PG ou
- Si x_1 est ZE et x_2 est NP, alors y est PP ou
- Si x_1 est ZE et x_2 est PP, alors y est NP ou
- Si x_1 est ZE et x_2 est PG, alors y est PG ou

Ces règles peuvent être présentées d'une façon plus claire sous forme d'une représentation graphique, appelée matrice d'inférence. Le tableau 3.1 montre cette matrice.

y		x_1				
		NG	NP	ZE	PP	PG
	NG			PG		
	NP			PM		
x_2	ZE	PG	PM	ZE	NM	NG
	PP			N		
				M		
	PG			NG		

Tableau 3.1: *Matrice d'inférence floue.*

Agrégation des règles

Etant donné que les règles sont liées par un opérateur «OU», l'agrégation des règles s'effectue généralement à l'aide de l'opérateur max. On obtient alors:

$$\mu_{B'}(y) = \max_{i=1,\dots,n} \mu_{B_i'}(y)$$

Afin de mettre en évidence cette étape, considérons l'exemple à deux règles suivant:

R_1 : Si x_1 est ZE et x_2 est ZE alors y est ZE
R_2 : Si x_1 est PP et x_2 est PP alors y est PP

En utilisant la méthode de Mamdani (voir Figure 3.38) qui repose sur l'utilisation de l'opérateur «min» pour la combinaison des prémisses et pour l'implication et l'opérateur «max» pour l'agrégation des règles, on aboutit au résultat suivant:

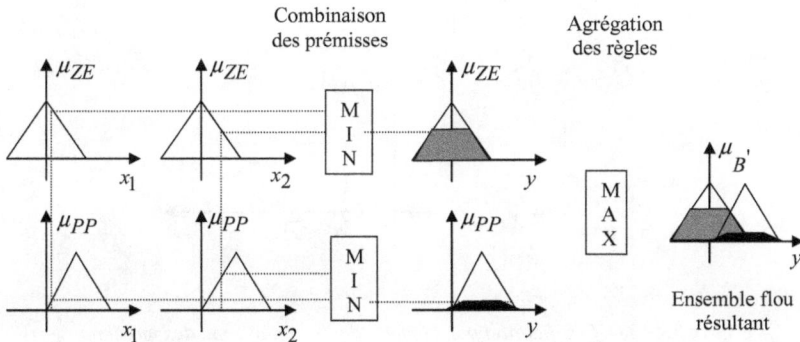

Figure 3.38. *Traitement de deux règles d'inférence par la méthode de Mamdani.*

Défuzzification

Le rôle de la défuzzification est de transformer la partie floue issue de l'inférence en une grandeur numérique de commande. Les trois méthodes de défuzzification numérique les plus classiques sont la méthode du centre de gravité, la méthode de la moyenne des maximums et la méthode du centre des maximums.

La méthode du centre de gravité considère la partie floue, issue de l'inférence, comme une surface dont on calcule la projection sur l'axe horizontal de son centre de gravité (voir Figure 3.39).

$$u = \frac{\int_y \mu_{B'}(y)\,y\,dy}{\int_y \mu_{B'}(y)\,dy}$$

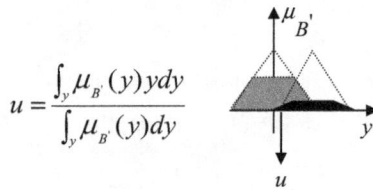

Figure 3.39: *Défuzzification par la méthode du centre de gravité.*

La méthode de la moyenne des maximums consiste à prendre la moyenne des éléments ayant le plus grand degré d'appartenance (voir Figure 3.40).

$$u = \frac{\overline{y}_1 + \overline{y}_2}{2}$$

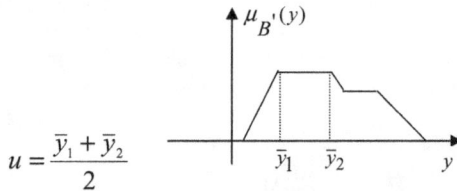

Figure 3.40. *Défuzzification par la méthode de la moyenne des maximums.*

C'est une méthode facile à utiliser et ne présente pas trop de calcul, mais elle peut introduire des discontinuités dans la loi de commande. Elle est très peu utilisée en commande floue.

La méthode du centre des maximums considère la moyenne pondérée (voir Figure 3.41) du maximum de chacune des contributions.

$$u = \frac{\sum_{i=1}^{n} \mu_{B_i'}(\bar{y}_i)\bar{y}_i}{\sum_{i=1}^{n} \mu_{B_i'}(\bar{y}_i)}$$

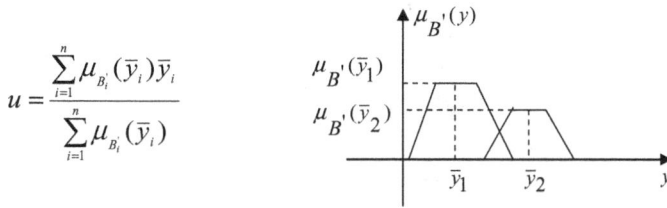

n étant le nombre de maximums

Figure 3.41. *Défuzzification par la méthode du centre des maximums.*

Dans le cas de règles à conclusion polynomiales (règles de Takagi-Sugeno):

R^i : Si x_1 est A_1^i et x_2 est A_2^i et ... x_n est A_n^i alors $y = f_i(x_1, x_2, ..., x_n)$

la commande u est obtenue par une moyenne pondérée selon les niveaux d'activation α_i de chacune des règles R^i (i=1,...,N):

$$u = \frac{\sum_{i=1}^{N} \alpha_i f_i(x_1, x_2, ..., x_n)}{\sum_{i=1}^{N} \alpha_i} \quad \text{où} \quad \alpha_i = T(\mu_{A_1^i}(x_1), \mu_{A_2^i}(x_2), ..., \mu_{A_n^i}(x_n))$$

Pour la t-norme T, on choisit souvent l'opérateur «min» ou le «produit».

3.10.4. Conception d'un régulateur flou

La structure de base d'un régulateur flou est donnée Figure 3.42. Elle possède deux entrées, qui sont généralement pour les problèmes de régulation des systèmes monovariables, l'erreur et la variation de l'erreur.

GA, GB représentent des gains pour la normalisation des entrées du contrôleur flou et GC est un gain de dénormalisation de la sortie du contrôleur flou.

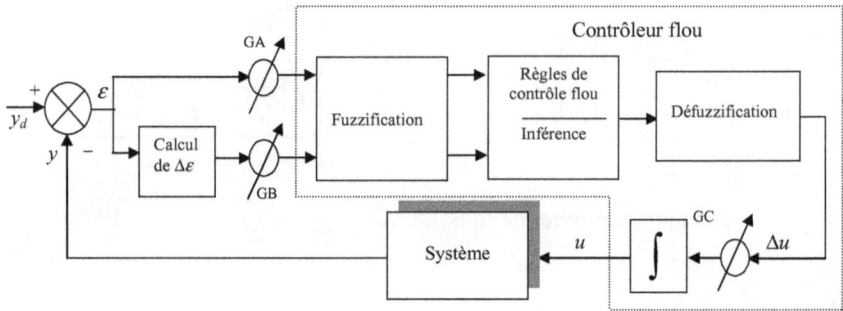

Figure 3.42. *Structure d'un contrôleur flou.*

On peut obtenir des régulateurs, qui sont équivalents aux contrôleurs classiques PD, PI ou même des PID, selon que la sortie du contrôleur concerne la commande ou sa variation (voir Figure 3.43).

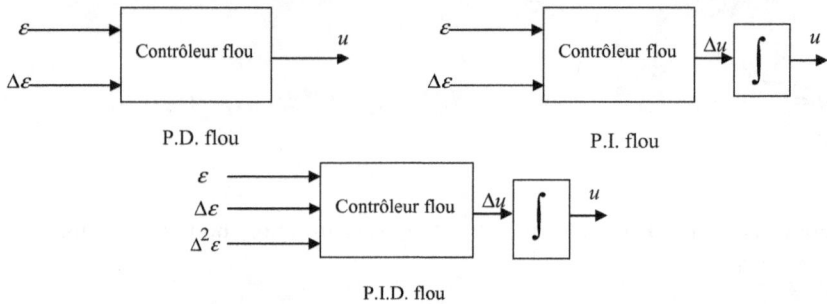

Figure 3.43. *Equivalence entre régulateur flou et régulateur classique.*

Comme application, on a utilisé un contrôleur P.I. flou (voir Figure 3.42) pour la commande de température d'un four électrique (voir, e.g., Yaich *et al.*, 1999). Ce Four a été traité par Barrat *et al.* (1993), il est constitué d'une chambre de cuisson en acier, d'épaisseur 2mm, de largeur 620mm, de hauteur 280mm et de profondeur 880mm. Cette chambre est entourée d'un calorifugeage en laine de verre capoté de tôle peinte. Le chauffage est assuré par six résistances électriques, alimentées par une tension alternative de 220v. Trois résistances sont couplées en voûte (puissance totale étant de 1750w) et trois autres sont couplées en sole (puissance totale étant de 2550w).

La constante de temps du four est très élevée, de sorte qu'il serait difficile de suivre les profils de cuisson imposés lorsque ceux-ci comportent une étape de refroidissement rapide. Ainsi, il n'est pas possible d'abaisser la température en introduisant de l'air frais, car on modifierait le microclimat. Une circulation d'eau froide a été utilisée dans des radiateurs à eau perdue, constitués de 40m de tube de cuivre de diamètre 10mm. Ce tube est placé dans le calorifugeage, à l'intérieur de la chambre de cuisson entre la tôle et les résistances chauffantes.

Pour la mise en œuvre du schéma de commande floue, on a choisit $2N+1$ ensembles flous pour l'erreur et la variation de l'erreur, et $4N+1$ ensembles flous pour la sortie du correcteur ($N=2$). Les fonctions d'appartenance ont la forme triangulaire, et on a utilisé une matrice d'inférence complète à 25 règles.

On a appliqué la convention introduite par Mamdani (1974): à un ET logique, on fait correspondre un minimum et à un OU logique, on fait correspondre un maximum. Pour la défuzzification, on utilise la méthode du centre de gravité.

On a testé en simulation numérique, les performances du correcteur flou développé sur le four électrique considéré, en imposant un profil de cuisson composé de deux paliers horizontaux, qui sont reliés par une rampe croissante. L'étude de cette simulation est divisée en deux parties. Dans la première partie, on a supposé que le four opère dans un environnement déterministe. Les résultats obtenus sont satisfaisants (bonne poursuite de température). La deuxième partie de cette simulation numérique concerne la commande du four, en présence de deux types de perturbations.

Le premier type de perturbation, appliqué au four, peut se traduire par l'ouverture et la fermeture de la porte du four. Cette perturbation est rejetée par le contrôleur flou. Quant au deuxième type de perturbation, elle peut se traduire par la fermeture du circuit de refroidissement. Cette perturbation correspond à une modification importante des paramètres du système. Cependant, le correcteur flou réagit bien à la variation de la structure du système.

Par ailleurs, on a réalisé une deuxième application en utilisant ce type de contrôleur ; elle porte sur la commande en temps réel de la vitesse d'un moteur à courant continu (voir, e.g., Yaich *et al.*, 1998b). Pour l'implantation du contrôleur flou, une carte d'interface est mise entre le calculateur et le système. Cette carte assure la conversion analogique-numérique et numérique-analogique entre le calculateur et le moteur (voir Figure 3.44).

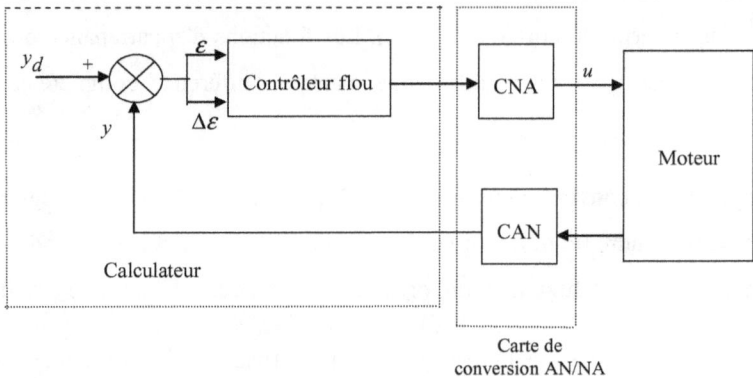

Figure 3.44. *Structure de la commande en temps réel.*

On a choisi trois ensembles flous pour les entrées (erreur et variation de l'erreur) et cinq ensembles flous pour la commande. Une matrice d'inférence à neuf règles a été utilisée. Les résultats expérimentaux montrent que la vitesse du moteur suit convenablement le signal de référence, et que le contrôleur est robuste vis-à-vis des perturbations.

Lors de l'essai, un changement des valeurs de pondération GA, GB et GC implique un effet global sur le comportement du système, alors qu'un changement de règle a un effet local. Cependant, une diminution du nombre de règles peut entraîner un comportement indésirable. Toutefois, il s'avère très utile de réduire le nombre de règles dans le contrôleur flou afin de pouvoir l'implanter en temps réel.

Afin de pouvoir utiliser un maximum de règles lors de l'implantation en temps réel, on a utilisé le principe de la commande par duplication neuronale. Il s'agit de reproduire le fonctionnement du contrôleur flou existant par un réseau de neurones. Le schéma de l'apprentissage du réseau est donné Figure 3.45.

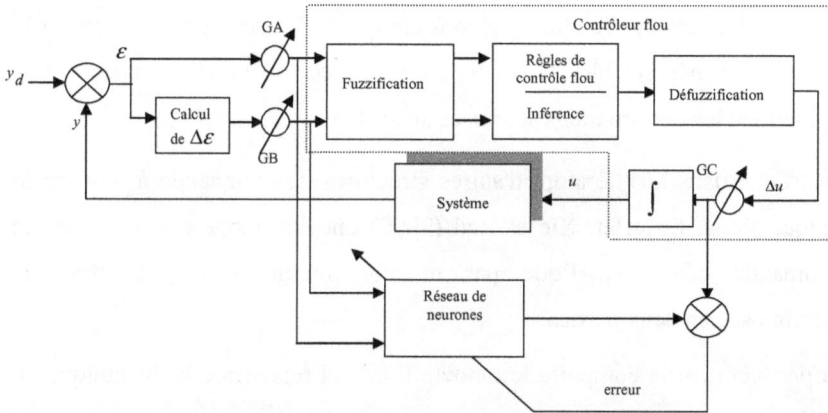

Figure 3.45. *Copie du contrôleur flou par un réseau de neurones.*

Pour cette application, on a utilisé un réseau de neurones à trois couches (une couche d'entrée, une couche cachée et une couche de sortie). Pour l'apprentissage on a appliqué l'algorithme de Lvenberg-Marquard. Notons que le contrôleur flou admet deux entrées, l'erreur et sa dérivée et une sortie qui est la commande. On a défini cinq ensembles flous de forme triangulaire pour chaque entrée et neuf ensembles flous pour la sortie. Les règles d'inférence sont de l'ordre de vingt-cinq. Le contrôleur flou est choisi de façon à ce que le système effectue des oscillations autour de la consigne. Pour cela, on a modifié les valeurs de pondération des entrées GA et GB.

Les oscillations autour de la consigne permettent au réseau de neurones de savoir si un changement de signe doit être suivi d'un changement de la commande. Sans ces oscillations, le réseau perd l'information sur ce qu'il doit faire si l'erreur ou sa variation change de signe.

Après la phase d'apprentissage, le réseau de neurones remplace le contrôleur flou, qui possède vingt-cinq règles. Les résultats expérimentaux montrent qu'avec le régulateur neuronal, le temps de réponse du système a été amélioré et le système présente une bonne poursuite du signal de référence (voir, e.g., Yaich *et al.*, 2000b). De plus on a constaté que l'effet de la perturbation sur le système est négligeable. De plus, le régulateur neuronal compense très rapidement les perturbations soumises au système.

On trouve dans la littérature d'autres structures de commande à base de la logique floue. En effet, Xie et Rad (2000) ont développé une structure de commande adaptative floue par modèle interne. Cette structure est décomposée en deux parties.

La première partie comporte le modèle flou, qui représente la dynamique du système; c'est lui qui représente le modèle interne dans la structure de commande. Il est identifié en ligne à partir des mesures issues du système. La deuxième partie représente le contrôleur flou, qui est déterminé en minimisant un critère de performance H_2.

Shaocheng *et al.* (1997) ont utilisé une commande adaptative directe floue pour une classe de systèmes non-linéaires décentralisés. Sousa *et al.* (1999)

ont utilisé le modèle flou pour développer une structure de commande prédictive à base de modèle.

Cependant, on peut conclure que toutes les structures de commande neuronale présentées ci- dessus peuvent être reproduites avec la logique floue.

Dans ce qui suit, on développera une nouvelle structure de commande adaptative directe basée sur l'identification en ligne des paramètres du modèle inverse du système.

3.10.5. Commande adaptative floue

On s'intéresse ici à développer une loi de commande adaptative floue en se basant sur le modèle inverse. La structure de base de la loi de commande proposée est constituée de deux étapes : une étape en ligne et une étape or ligne. Cette structure de commande est présentée dans Yaich *et al.*, (2000c). Son schéma de principe est donné Figure 3.46.

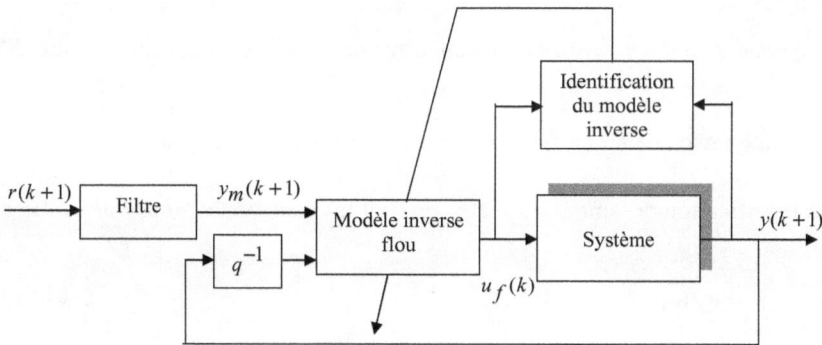

Figure 3.46. *Structure d'une commande adaptative floue.*

Ce schéma comporte un bloc d'identification des paramètres du modèle inverse du système, un contrôleur flou (modèle inverse du système) et un filtre, qui représente le modèle de poursuite et ce pour éviter les changements brusques de la consigne.

Algorithme d'identification du modèle inverse

Pour identifier les paramètres du modèle inverse, on utilise un ensemble de mesures issues du système. Cependant, les entrées du modèle flou sont la sortie du système à l'instant $k+1$ et la sortie du système à l'instant k. La sortie du modèle flou est la commande à l'instant k. En effet, on considère un système d'inférence flou de type Sugeno d'ordre zéro à deux entrées $y(k+1)$, $y(k)$ et une seule sortie $u(k)$. Les règles floues s'écrivent:

R^i : Si $y(k+1)$ est A_i et $y(k)$ est B_i, alors $u(k)=w_i$ $\qquad i=1,...,N$

A_i, B_i étant les fonctions d'appartenance de la partie prémisse et w_i représente la conclusion de la règle i.

Pour la combinaison des prémisses, on utilise le produit algébrique et pour l'implication l'opérateur «max». La commande u est obtenue par une moyenne pondérée selon le niveau d'activation de chacune des règles R^i ($i=1,...,N$).

Pour une raison de simplification, on note: $y(k+1)=x_1$ et $y(k)=x_2$.

La fuzzification des entrées x_1 et x_2 produit les vecteurs colonnes suivants:

$$\mu_1^T(x_1)=[\mu_{A_1}(x_1)\mu_{A_2}(x_1)...\mu_{A_m}(x_1)] \qquad (3.84)$$

$$\mu_2^T(x_2)=[\mu_{B_1}(x_2)\mu_{B_2}(x_2)...\mu_{B_n}(x_2)] \qquad (3.85)$$

Les degrés d'activation de toutes les règles utilisant l'opérateur produit, sont donnés par:

$$Z=\mu_1(x_1)\mu_2^T(x_2) \qquad (3.86)$$

où Z est une matrice de dimension $(m \times n)$, qui représente la structure du modèle et qui dépend du nombre des ensembles flous des entrées.

Dans le but d'appliquer la méthode récursive des moindres carrés pour identifier les paramètres w_i, on construit les vecteurs $\underline{Z}$ et $\underline{W}$ à partir de Z et W. Soient:

$$\underline{Z}^{\mathrm{T}} = [z_{11} z_{12} ... z_{1n} ... z_{m1} z_{m2} ... z_{mn}] \tag{3.87}$$

$$\underline{W}^{\mathrm{T}} = [w_{11} w_{12} ... w_{1n} ... w_{m1} w_{m2} ... w_{mn}] \tag{3.88}$$

La commande u est obtenue par une moyenne pondérée selon les niveaux d'activation de chacune des règles. Elle est donnée par:

$$\hat{u} = \frac{\sum_{i=1}^{m} \sum_{j=1}^{n} z_{ij} w_{ij}}{\sum_{i=1}^{m} \sum_{j=1}^{n} z_{ij}} = \frac{\underline{Z}^{\mathrm{T}} \underline{W}}{\underline{Z}^{\mathrm{T}} I} \tag{3.89}$$

où I est une matrice identité de dimension $(nm \times 1)$.

Les éléments w_{ij} sont estimés en minimisant le critère suivant:

$$J(\underline{\hat{W}}) = \sum_{k=1}^{N} \lambda^{N-k} \left(u(k) - \frac{\underline{Z}^{\mathrm{T}}(k) \underline{\hat{W}}(k)}{\underline{Z}^{\mathrm{T}}(k) I} \right)^2 \tag{3.90}$$

L'algorithme récursif d'identification des moindres carrés, qui permet de minimiser le critère (3.90) peut être décrit par:

$$\begin{cases} \underline{\hat{W}}(k) = \underline{\hat{W}}(k-1) + K(k)(u(k) - \hat{u}(k-1)) \\ K(k) = \dfrac{P(k-1)\underline{Z}_n(k)}{\lambda + \underline{Z}_n^{\mathrm{T}}(k) P(k-1) \underline{Z}_n(k)} \\ P(k) = \dfrac{P(k-1) - K(k)\underline{Z}_n^{\mathrm{T}}(k+1) P(k-1)}{\lambda} \end{cases} \tag{3.91}$$

171

Ainsi la commande appliquée au système à l'instant k est donnée par:

$$u_f(k) = \frac{\underline{Z}^T(k)\underline{\hat{W}}(k)}{\underline{Z}^T(k)I} \tag{3.92}$$

où $\underline{Z}^T(k)$ est le vecteur des degrés d'activations de chaque règle et ceci pour les entrées $y_m(k+1)$ et $y(k)$, $\underline{\hat{W}}(k)$ est le vecteur estimé des paramètres w_{ij}. $y_m(k+1)$ est la sortie désirée du système. Elle est donnée comme suit:

$$y_m(k+1) = \frac{q^{-1}B_m(q)}{A_m(q)} r(k+1) \tag{3.93}$$

où $A_m(q)$ et $B_m(q)$ représentent respectivement le numérateur et le dénominateur du filtre. Afin d'éviter le mauvais fonctionnement du système global, une phase de pré-identification doit être faite hors ligne pour estimer le vecteur initial des paramètres du modèle inverse, qui sont les conclusions w_i des différentes règles et les paramètres des fonctions d'appartenance. Pour cela, on utilise la structure hiérarchisée d'automate étudiée dans le chapitre 2.

Simulations

Considérons le système de la Figure 1.25, qui est destiné pour l'arrosage d'un champ agricole. On cherche à régler le niveau d'eau du bac 1, en utilisant la structure de commande décrite ci-dessus.

En effet, une phase de pré-identification est faite pour estimer les paramètres des fonctions d'appartenance et les conclusions w_i. Cependant, l'espace d'entrée (relatif à $y_m(k+1)$ et $y(k)$) est divisé en trois ensembles flous de types gaussiennes. Neuf règles d'inférence floue ont été utilisées.

Une structure hiérarchisée d'automate à trois niveaux est utilisée pour chaque paramètre. La Figure 3.47 montre la distribution des fonctions d'appartenance des entrées obtenues après la phase de la pré-identification.

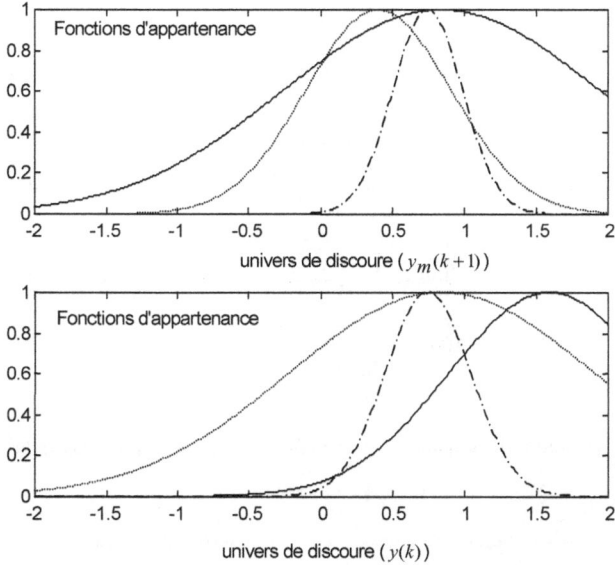

Figure 3.47. *Fonctions d'appartenance des entrées.*

Une fois le modèle inverse est obtenu, il est utilisé directement comme contrôleur. Il commande le système en boucle ouverte. La Figure 3.48 montre que le système suit convenablement le signal de référence.

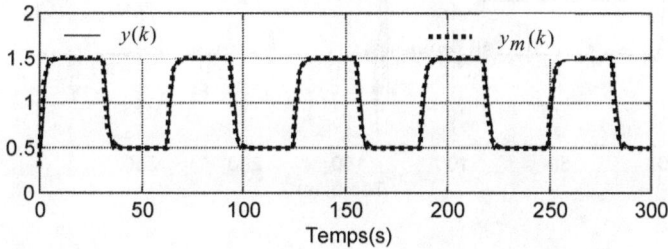

Figure 3.48. *Réponse du système.*

La Figure 3.49 montre que lorsqu'on change la position de la vanne à l'instant 80s, le système n'arrive pas à suivre le signal de référence d'où la nécessité de régler en ligne les paramètres du modèle inverse en utilisant la structure de

173

commande adaptative déjà développée de la Figure 3.46. La Figure 3.50 montre que la structure de cette commande présente de bons résultats.

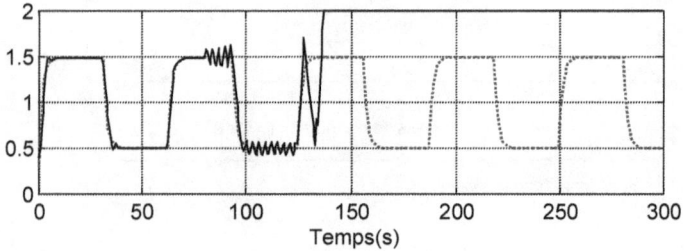

Figure 3.49. *Réponse du système suite à un changement de la position de la vanne.*

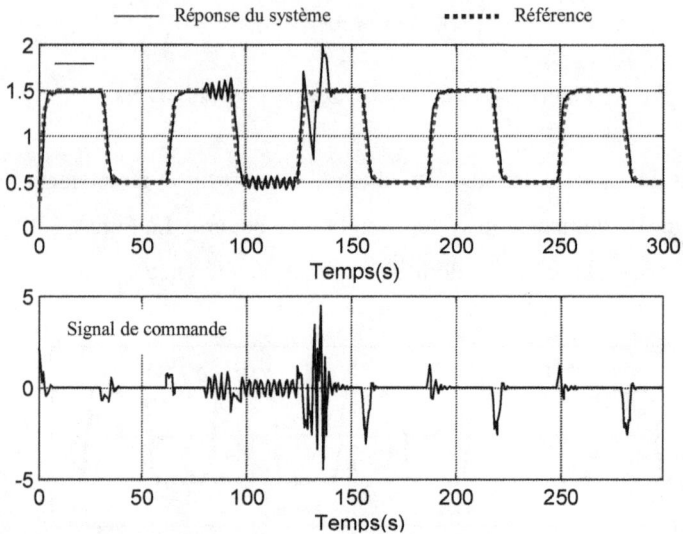

Figure 3.50. *Commande adaptative floue.*

3.11. Conclusion

Dans ce chapitre, on a traité le problème de la commande des systèmes en utilisant les réseaux de neurones et la logique floue. Plusieurs structures de commande neuronale telles que, la commande neuronale directe par modèle inverse et la commande neuronale par modèle interne utilisent le modèle inverse du système comme étant le contrôleur. Pour cela, on a commencé ce chapitre par donner les différentes méthodes d'apprentissage du modèle inverse. D'autres structures de commande neuronale ont été aussi présentées. Un développement mathématique d'un algorithme récursif d'optimisation non linéaire a été réalisé dans ce chapitre. Cet algorithme est utilisé dans une structure de commande prédictive neuronale, et testé sur un exemple de simulation numérique. Les résultats de simulation montrent que cette structure de commande présente une bonne performance.

Une autre structure de commande neuronale qui porte sur la linéarisation entrée-sortie a été proposée dans ce chapitre. Cette structure de commande est basée sur le modèle neuronal du système à commander. Les performances de cette commande sont illustrées par un exemple de simulation.

La commande adaptative neuronale fait partie aussi de ce chapitre. En effet, on a proposé deux structures de commande adaptative: la première est de type prédictif, la deuxième est de type linéarisation entrée-sortie. Ces deux commandes sont basées sur l'estimation de la variance de l'erreur de prédiction.

Par ailleurs, on a développé une structure générale d'une loi de commande floue, ainsi que la conception d'un régulateur flou. Une nouvelle méthode, qui consiste à copier le contrôleur flou par réseau de neurones, est proposée. Cette méthode est appliquée lors d'une commande en temps réel d'un moteur à courant continu. Ce chapitre est terminé par l'analyse d'une structure de commande floue utilisant le modèle inverse du système. Les paramètres du modèle inverse sont déterminés par la méthode des automates à apprentissage. Les principaux résultats analytiques développés, dans ce troisième chapitre, ont été validés sur des exemples de simulation numérique.

Modélisation et commande d'une serre agricole

4.1. Introduction

On a présenté dans le chapitre 2 les techniques neuronales pour la modélisation des systèmes complexes. Dans le chapitre 3, on a présenté plusieurs stratégies de commande neuronale. Le but de ce quatrième chapitre est d'appliquer ces techniques pour la modélisation et la commande d'une serre agricole. En effet, la serre agricole est une enceinte ouverte délimitée par des parois transparentes qui permettent le passage des rayons solaires (voir Figure 4.1). Au départ, cette enceinte était prévue pour la protection des cultures contre les intempéries, facilitant ainsi le travail de l'agriculteur. Cependant, son importance n'a cessé d'augmenter vu le rôle qu'elle joue dans la production.

Figure 4.1: *Présentation d'une serre agricole.*

En effet, chaque culture a besoin de conditions climatologiques et d'environnement très particulier (température, hygrométrie, etc.), d'où l'intérêt de trouver un modèle qui permettrait de mieux contrôler le comportement du système serre. De plus, la serre agricole est un processus ouvert au monde extérieur et ainsi aux perturbations, ce qui rend son contrôle plus délicat.

Depuis plusieurs années, plusieurs laboratoires et équipes de recherche se sont intéressés à ce problème et des techniques de régulation classique ont été expérimentées notamment par le laboratoire MS/SSD de l'université de Toulon. (voir e.g., Oueslati, 1990). Les différents travaux montrent qu'il est difficile de mettre en œuvre un système de commande de la serre agricole utilisant des techniques de commande conventionnelles. Cette difficulté provient des interactions entre les variables internes et externes, et la complexité des phénomènes mis en jeu dans ce système.

On détaille, dans la suite de ce chapitre, le système de contrôle d'une serre agricole située à l'université de Toulon et du Var. On présente, par la suite, les différentes étapes de la modélisation du système. Enfin, on présente la stratégie de commande appliquée pour ce système.

4.2. Présentation de la serre agricole

La serre est un système qui a été développé afin d'optimiser la culture de plantes. Nous essayons par son utilisation de créer un micro climat le plus indépendant possible des conditions climatiques extérieures. Il existe malgré les diverses actions, qui pourront être appliquées, un lien fort entre l'extérieur et le milieu interne de la serre voir (Figure 4.2).

L'université de Toulon et du Var dispose d'une serre agricole expérimentale. C'est une serre en verre métallique, son volume est de 120 m^3 et sa surface est de 40 m^2.

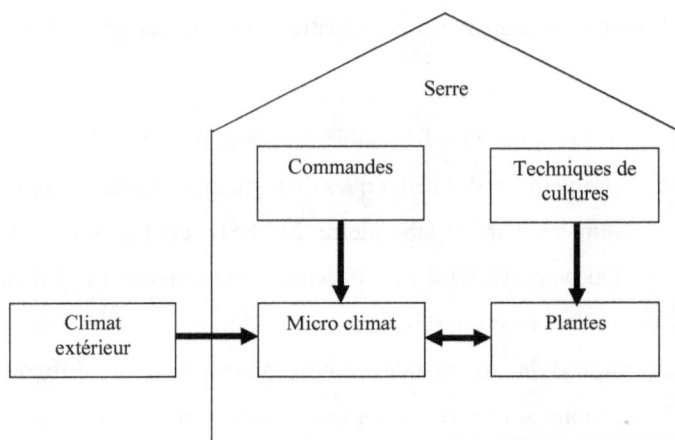

Figure 4.2: *Schéma de principe d'une serre agricole.*

4.2.1. Effet de serre

C'est le principal phénomène de la serre. Il consiste à confiner un espace soumis aux rayonnements solaires et à piéger ceux-ci afin d'augmenter la température. Grâce à cela, il est possible de faire augmenter sans aucune dépense énergétique la température interne de la serre par rapport à la température extérieure.

En effet, les rayons solaires pénètrent dans la serre à travers un réflecteur thermique. Lorsqu'ils arrivent au sol, ils réchauffent celui-ci, qui va à son tour une fois réchauffé rayonner sa chaleur sous forme d'infrarouges. Lors de leur réémission, les rayons infrarouges sont en grande partie réfléchis par le réflecteur et retournent réchauffer le sol au lieu de s'évacuer. Ce phénomène est présenté Figure 4.3.

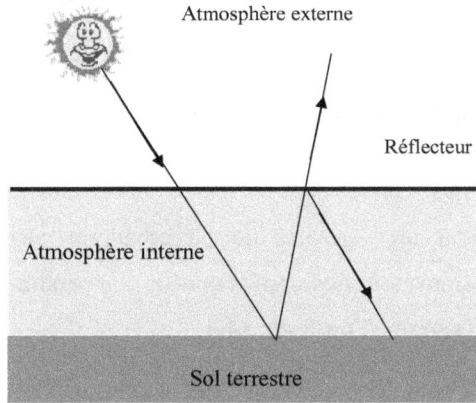

Atmosphère externe

Réflecteur

Atmosphère interne

Sol terrestre

Figure 4.3: *Effet de serre.*

4.2.2. Convection et résistance thermique

Les matériaux constituant la structure réflective d'une serre agricole possèdent aussi des caractéristiques d'isolation thermique qui limitent les échanges thermiques avec l'extérieur. De ce fait, la convection naturelle entre le sol et l'atmosphère externe est remplacée par deux convections successives, la première entre le sol et l'atmosphère interne de la serre et la seconde entre la surface isolante de la serre et l'atmosphère externe. Cette résistance thermique permet donc d'obtenir des températures bien différentes de celles de l'extérieur, en permettant le chauffage ou la réfrigération de l'atmosphère interne. Le phénomène de convection entre la serre et l'extérieur qui est proportionnel à la différence de température entre les deux milieux, peut être très sensiblement influencé par les conditions atmosphériques extérieures telles que la pluie et le vent. De même, des perturbations peuvent provenir de l'ouverture de la serre. En effet, on peut être amené dans certains cas à provoquer des échanges de masse d'air avec l'extérieur pour refroidir celle-ci. Néanmoins, cela peut aussi devenir une perturbation lorsque les conditions sont moins favorables et qu'on ne peut pas contrôler ces échanges (ouverture de la porte d'entrée).

4.3. Grandeurs mises en jeu de la serre

Les grandeurs mises en jeu sont les entrées et les sorties de la serre agricole. Les entrées sont les variables de perturbations météorologiques et les variables de commande. Les sorties sont la température et l'hygrométrie à l'intérieure de la serre. (Voir Figure 4.4):

Figure 4.4: *Fonctionnement de la serre dans son environnement.*

4.3.1. Variables de la commande

Sur la serre expérimentale de l'université de Toulon, on a quatre commandes différentes:

Puissance de chauffage (Ch)

La serre agricole est équipée d'un système de chauffage électrique de type "tout ou rien" d'une puissance totale de 6 kw répartie sur trois radiateurs, sans commande de répartition de la puissance entre les sources. Ce type de chauffage continu est adapté au chauffage d'appoint et de maintien hors gel de petites serres telle que celle étudiée mais beaucoup moins à une serre de plus grande superficie ou de serres tenues à respecter des consignes de température plus élevées. La puissance de chauffage de la serre expérimentale est trop faible en cas de température extérieure basse pour maintenir une température élevée.

Brumisation (Br)

De la même manière que pour le chauffage, il n'existe qu'un seul système de brumisation et donc il n'y a pas de possibilité de répartition de la brumisation et la commande de celle-ci se fait de manière binaire. Une commande de 10 secondes sur celle-ci fait augmenter l'hygrométrie d'environ 5%. Du fait de la qualité médiocre des buses de brumisation, un effet réfractaire de 10 minutes sur cette commande a été installé afin d'éviter que la brumisation se transforme en arrosage.

Ombrage (Om)

L'ombrage permet de diminuer le rayonnement solaire direct vers le sol et d'augmenter l'isolation thermique au niveau du plafond lorsque le rayonnement solaire est négligeable et que la température extérieure est plus faible que celle désirée. Le double store de la serre agricole est actionné par un moteur qui permet par une commande de 10 secondes une variation élémentaire de 2×11 cm.

Angle d'ouverture de l'ouvrant (Ov)

Une ouverture sur le toit de la serre agricole permet l'échange de masses d'air avec l'extérieur. Cette ouverture est motorisée et couplée à un capteur de buttée qui confère à ce système une commandabilité par variations élémentaires de 2,5° pour une commande de 10 secondes.

4.3.2. Variables de perturbations

Les entrées non contrôlables de la serre agricole résultant du climat extérieur sont :

- température de l'air extérieur: Te (°C);
- hygrométrie relative extérieure: He (%);
- rayonnement global: Ry (en kw/m^2);
- vitesse du vent : Vt (m/s).

Pour avoir des informations sur l'évolution de ces grandeurs, on dispose à l'extérieur de la serre, d'un anémomètre, d'un capteur d'ensoleillement, d'un capteur d'humidité et d'un thermomètre.

4.3.3. Variables de sorties

Ce qu'on a décidé de réguler sont les variables d'état de la serre, à savoir :

- température de l'air intérieur: Ti (°C);
- hygrométrie relative interne: Hi (%).

A l'intérieur de la serre agricole, on a actuellement deux capteurs de température ventilés (l'un en hauteur et l'autre au niveau du sol) qui fournissent à eux deux une température assez représentative de la température globale de la serre. De même, on a un capteur ventilé d'hygrométrie à mi hauteur. Les mesures des capteurs ventilés sont au nombre de 6 par minutes et sont moyennées pour aboutir à une seule mesure par minute.

4.3.4. Schéma des entrées-sorties de la serre

Dans une première architecture, on a adopté la représentation entrée-sortie suivante d'une serre agricole (voir Figure 4.5):

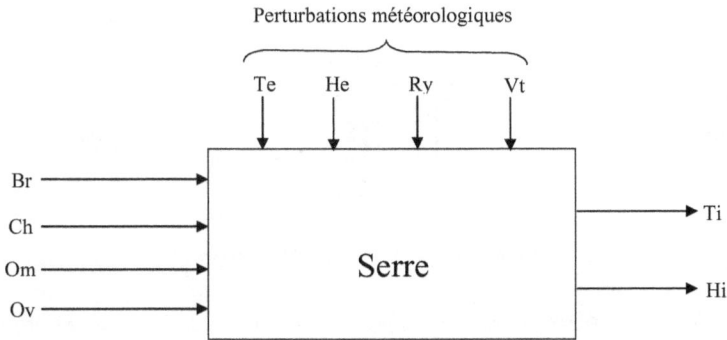

Figure 4.5: *Schéma des entrées-sorties d'une serre agricole.*

4.3.5. Acquisition des données de la serre

Le système de commande mis en place au niveau de la serre, permet d'enregistrer les données issues des différents capteurs toutes les minutes et pendant toute une année. Il s'agit d'une commande de type "tout ou rien". On dispose d'une base de données sur plusieurs années concernant la serre agricole du laboratoire MS/SSD de l'université de Toulon. Chaque fichier de données comporte 1440 vecteurs de 12 variables représentant les différentes mesures effectuées au cours d'une journée. Le Tableau 4.1 montre les données avec leurs significations.

Données serre	Abréviation	Type de données
Consigne en température	C_T	Autres
Consigne en Hygrométrie	C_H	
Chauffage	Ch	Commandes
Brumisation	Br	
Ouvrant	Ov	
Rideaux (Ombrage)	Om	
Température extérieure	Te	Perturbations
Hygrométrie extérieure	He	
Vent	Vt	
Rayonnement	Ry	
Température intérieure	Ti	Sorties
Hygrométrie intérieure	Hi	

Tableau 4.1: *Données de la serre.*

Dans la Figure 4.6 on donne un exemple d'évolution de la température et de l'hygrométrie à l'intérieure de la serre, ainsi, que le rayonnement solaire et la vitesse du vent à l'extérieure de la serre. Ces données correspondent à la journée du 5 mars 1995.

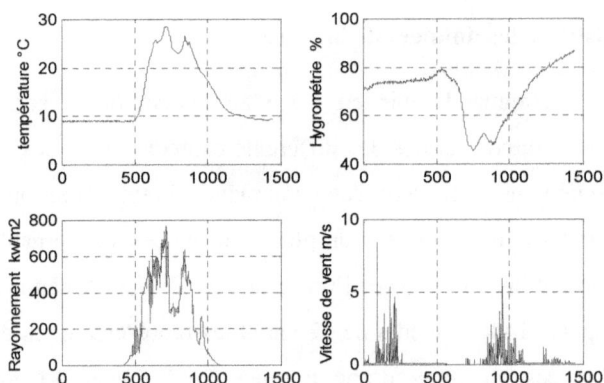

Figure 4.6: *Exemple de représentation de quelques grandeurs de la serre.*

184

On remarque que lorsque la température à l'intérieure de la serre est maximale, le rayonnement solaire présente un pic et la vitesse du vent est presque nulle durant cette période. De même, on remarque que l'humidité à l'intérieure de la serre est faible. La Figure 4.7 montre les différentes commandes appliquées à la serre et ceci pendant la journée du 5 mars 1995.

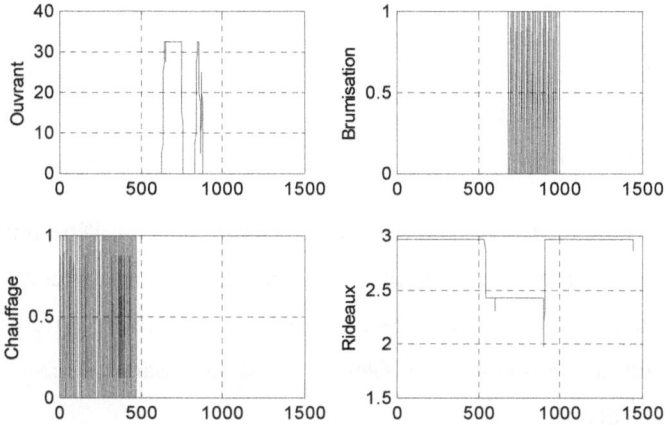

Figure 4.7: *présentation des différentes commandes appliquées à la serre.*

On remarque que lorsque la température à l'intérieur de la serre est faible, le système de chauffage fonctionne, l'ouvrant est fermé, le rideau est fermé afin d'augmenter l'isolation thermique au niveau du plafond lorsque le rayonnement solaire est faible. Lorsque la température augmente, l'ouvrant est actionné pour faire l'échange de masses d'air avec l'extérieur et le brumisateur est activé pour augmenter l'hygrométrie à l'intérieur de la serre.

4.3.6. Mise en forme des données de la serre

Les données de la serre agricole sont récupérées sous forme de vecteur d'entrée et de sortie. Le vecteur d'entrée est constitué des différentes variables d'entrée, qui sont les commandes et les perturbations. Le vecteur de sortie est

185

constitué de deux variables, qui sont la température intérieure et l'hygrométrie intérieure.

Soient $u(k)$ le vecteur d'entrée et $y(k)$ le vecteur de sortie à l'instant k:

$$u^{\mathrm{T}}(k) = \begin{bmatrix} Ov(k) & Ch(k) & Te(k) & He(k) & Ry(k) & Vt(k) & Br(k) & Om(k) \end{bmatrix}$$

$$(4.1)$$

et

$$y^{\mathrm{T}}(k) = \begin{bmatrix} Ti(k) & Hi(k) \end{bmatrix} \tag{4.2}$$

Les données ainsi récupérées ont besoin d'être traitées avant d'être utilisées. En effet, les données enregistrées par le système mis en place comportent des fluctuations dues au bruit de mesure des capteurs ainsi qu'aux perturbations externes. Afin de résoudre ce problème, il est nécessaire d'effectuer un filtrage sur ces données.

Filtrage

Soient $u(k)$ et $y(k)$ les vecteurs d'entrée et de sortie à l'instant k de la serre. Soit F le vecteur du filtre uniforme défini par:

$$F^{\mathrm{T}} = \frac{1}{N_F} \begin{bmatrix} 1_1 & . & . & . & 1_i & . & . & . & 1_{N_F} \end{bmatrix} \tag{4.3}$$

où N_F désigne la taille du filtre. On désigne par $u_i(k)$ l'entrée d'indice i à l'instant k. Le filtrage de cette entrée est donné par l'expression suivante:

$$u_i^F = F * u_i \tag{4.4}$$

où u_i^F désigne le signal filtré. Cependant, ce filtrage effectue la moyenne des données sur un intervalle de N_F points. La Figure 4.8 montre un exemple de filtrage des données par un filtre uniforme de longueur 10.

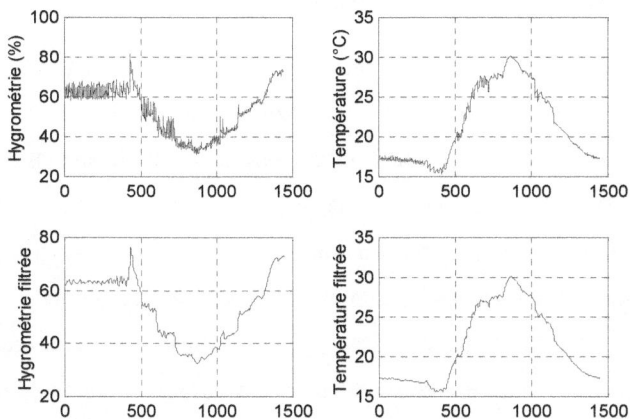

Figure 4.8: *Filtrage de la température et de l'hygrométrie par un filtre de longueur 10.*

De plus, on a remarqué que les données stockées peuvent être réduites sans pour autant modifier la dynamique du système. Dans cette optique, on a décidé d'utiliser une période d'échantillonnage de 10 mn. Ainsi, après filtrage, les données sont échantillonnées et constituent ainsi notre nouvelle base de données. La Figure 4.9 montre un exemple de données filtrées et échantillonnées.

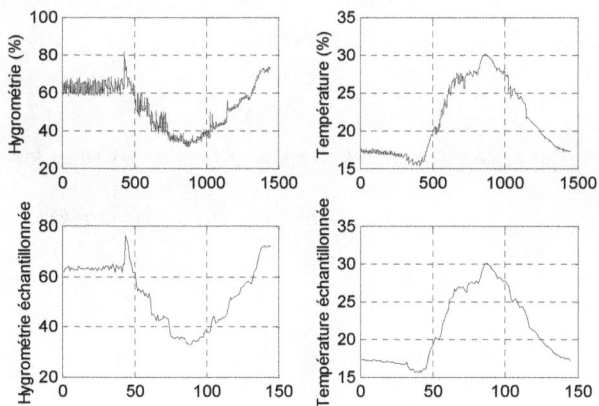

Figure 4.9: *Filtrage et échantillonnage des données.*

4.4. Identification de la serre agricole

L'objectif de ce paragraphe est de déterminer un réseau de neurones capable d'approcher aux mieux la relation entrée-sortie désirée de la serre agricole considérée. L'apprentissage du réseau de neurones s'appuie sur un ensemble de données d'observation du système physique dont on veut extraire une relation entrée-sortie. Pour cela, on doit tout d'abord fixer la structure du réseau (nombre des couches et nombre de neurones par couche), ensuite appliquer un algorithme d'apprentissage qui minimise la somme des écarts quadratiques entre les observations et les prédictions du réseau de neurones.

En effet, la serre agricole comporte quatre entrées de commande, qui sont le chauffage, la brumisation, l'ouvrant et l'ombrage, et quatre entrées de perturbations, qui sont la température extérieure, l'hygrométrie extérieure, la vitesse du vent et le rayonnement solaire. Les sorties du système à contrôler sont la température interne et l'hygrométrie interne. De ce fait, la structure du réseau de neurones utilisée est donnée Figure 4.10. Ce réseau comporte seize neurones dans la couche d'entrée, une seule couche cachée à cinq neurones et deux neurones dans la couche de sortie.

Le prédicteur neuronal correspondant s'écrit:

$$\begin{bmatrix} \hat{T}_i(k+1) \\ \hat{H}_i(k+1) \end{bmatrix} = \hat{f}[T_i(k)\, T_i(k-1)\, H_i(k)\, H_i(k-1)\, Ov(k)\, Ov(k-1)\, Ch(k)\, Ch(k-1)\, Br(k)$$
$$Br(k-1)\, Om(k)\, Om(k-1)\, Te(k)\, He(k)\, Vt(k)\, Ry(k)]$$

$$(4.5)$$

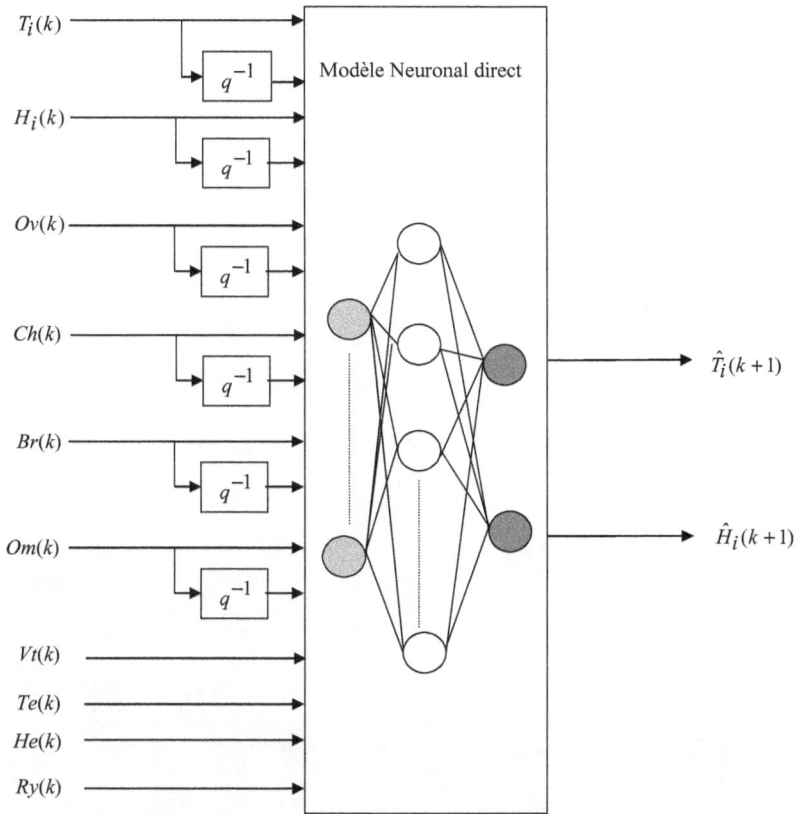

Figure 4.10: *Structure du modèle neuronal pour l'apprentissage.*

Pour l'apprentissage, on a utilisé l'algorithme de Levenberg-Marquardt. Les Figures 4.11, 4.12 et 4.13 représentent, respectivement les entrées de commande, les perturbations et les sorties désirées pour l'apprentissage du réseau. Ces données correspondent à la journée du 3 janvier 1995.

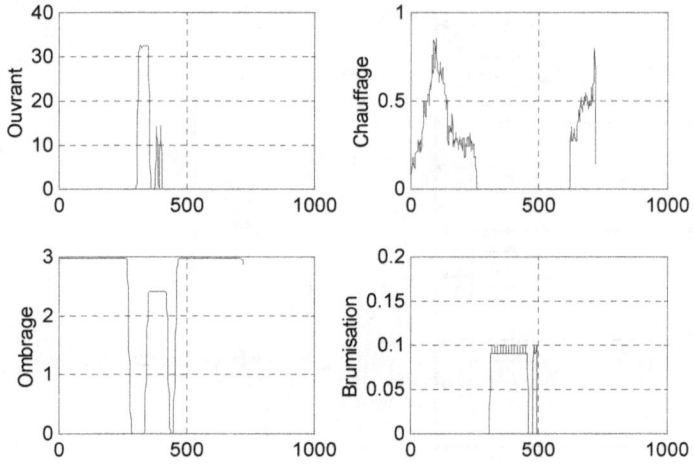

Figure 4.11: *Entrées de commande utilisées lors de l'apprentissage.*

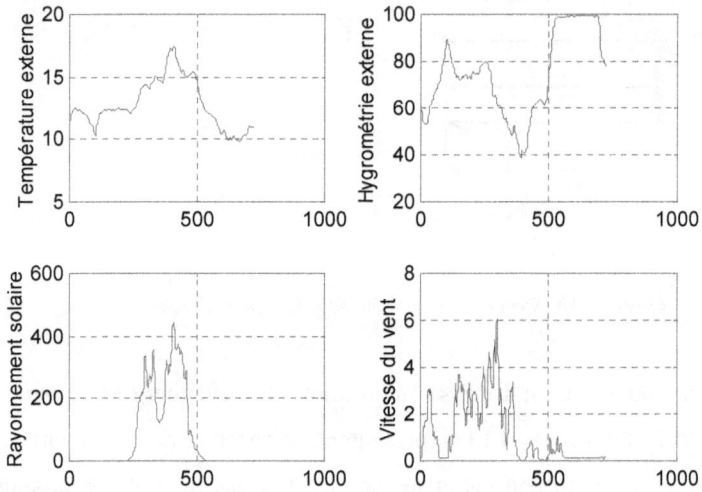

Figure 4.12: *Entrées de perturbation utilisées lors de l'apprentissage.*

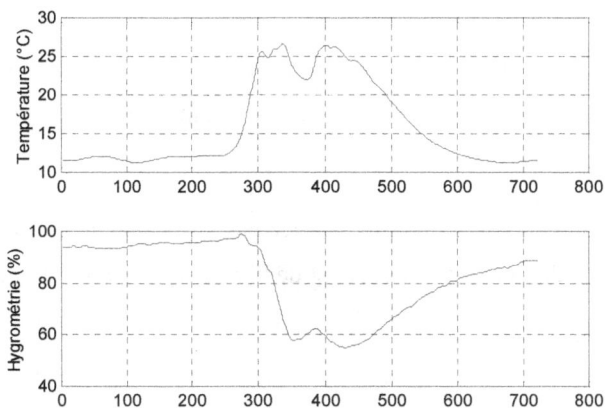

Figure 4.13: *Température et hygrométrie interne désirées.*

Afin de tester la qualité du prédicteur neuronal obtenu en tant que modèle de simulation, il est donc nécessaire de l'essayer sur d'autres séquences de test, de même type (généralisation). La Figure 4.14 montre la température estimée par le prédicteur neuronal ainsi que l'erreur de prédiction entre la température réelle et la température estimée et ceci pour la journée du 5 février 1995.

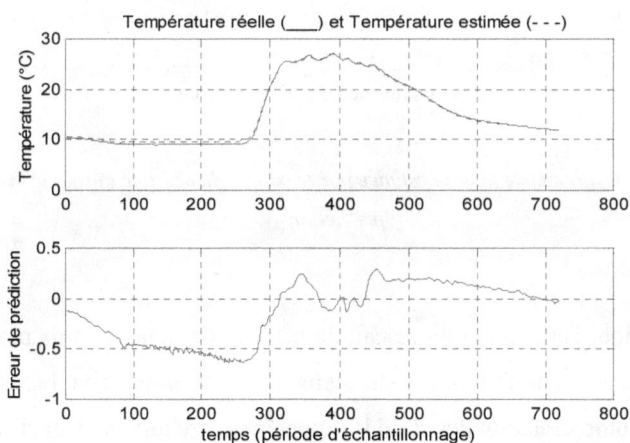

Figure 4.14: *Température interne estimée par le réseau de neurone ainsi que l'erreur de prédiction.*

191

On remarque, d'après la Figure 4.14, que l'erreur sur la température varie entre -0.6 °C et 0.3 °C. Cette erreur semble acceptable dans le domaine d'agriculture puisqu'elle n'influe pas sur la qualité ainsi que sur la quantité de production.

La Figure 4.15 montre l'hygrométrie estimée par le prédicteur neuronal ainsi que l'erreur de prédiction. Cette erreur est de l'ordre de 1%, qui est une valeur très acceptable.

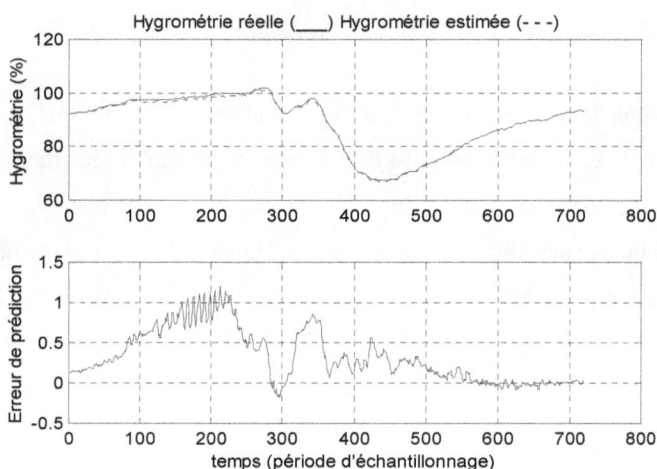

Figure 4.15: *Hygrométrie interne estimée par le réseau de neurone ainsi que l'erreur de prédiction*

Afin de valider l'utilisation du réseau de neurones obtenu comme modèle du système serre, on a fait des tests statistiques de validation basés sur la fonction d'autocorrélation des résidus (appelés encore tests de blancheur). Les Figures 4.16 et 4.17 montrent, respectivement les fonctions d'autocorrélation des erreurs de prédiction pour la sortie Température et la sortie Hygrométrie.

Fonction d'auto correlation de l'erreur de prédiction (sortie température)

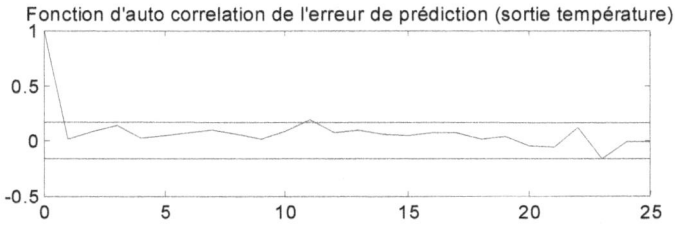

Figure 4.16: *Test de validation du modèle (sortie température).*

Fonction d'autocorrelation de l'erreur de prédiction (sortie hygrométrie)

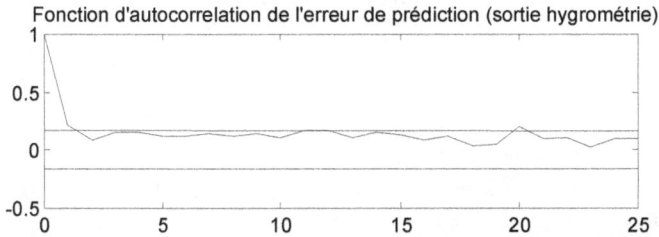

Figure 4.17: *Test de validation du modèle (sortie hygrométrie).*

On remarque que les fonctions d'autocorrélation des résidus sont à l'intérieur des intervalles de confiance ; ce qui valide l'utilisation du réseau obtenu comme modèle de la serre agricole. Pour tester d'avantage le réseau de neurones, on a construit une autre séquence de test par le regroupement de trois journées, qui sont le 25 janvier, le 5 février et le 12 mars 1995. Les Figures 4.18 et 4.19 montrent bien que le prédicteur neuronal présente des performances acceptables.

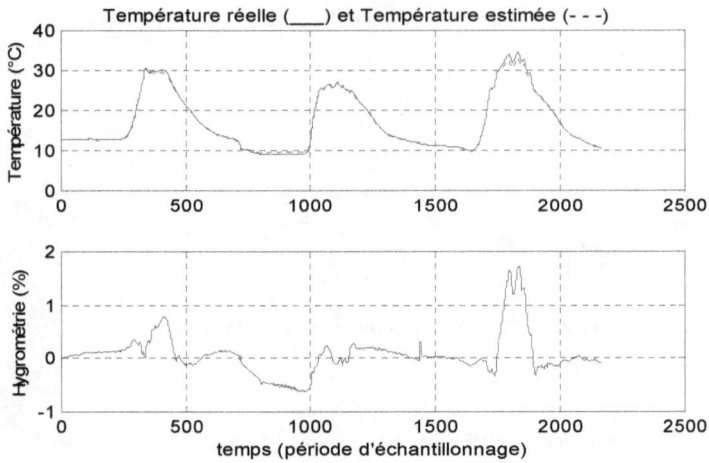

Figure 4.18: *Température estimée et erreur de prédiction.*

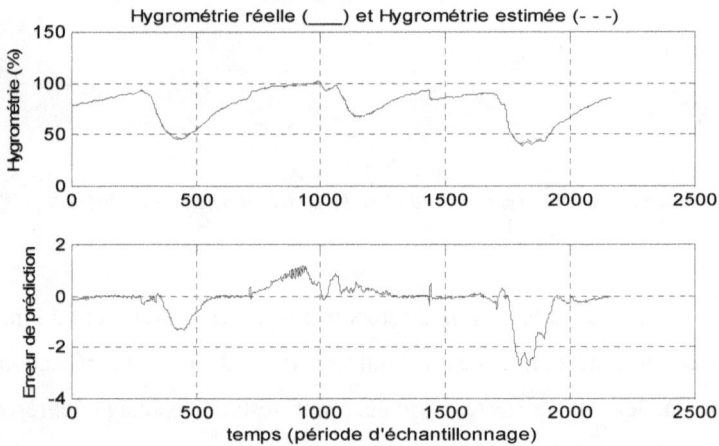

Figure 4.19: *Hygrométrie estimée et erreur de prédiction.*

4.5. Commande de la serre

On a montré, dans le chapitre précédent, que les réseaux de neurones
s'appliquent bien à la commande des systèmes non linéaires, compte tenu de
leur aptitude théorique à représenter avec précision, après apprentissage,

toute relation non linéaire continue. De plus, les réseaux de neurones peuvent présenter plusieurs entrées et sorties, ce qui les rend aptes à la représentation des systèmes multivariables. On s'intéresse ici à l'utilisation des réseaux de neurones artificiels pour la commande de la serre agricole. Cependant, plusieurs structures de commande neuronale ont été présentées dans le troisième chapitre. La structure que nous allons utiliser pour la commande de la serre est celle basée sur le modèle inverse. L'idée est d'obtenir "par inversion " un système de commande neuronale qui représente la dynamique inverse du système à commander.

4.5.1. Identification directe du modèle inverse de la serre

L'apprentissage du modèle inverse se fait à l'aide d'une structure qui emploie respectivement les sorties et les entrées du système à commander comme entrées et valeurs désirées pour le réseau de neurones, voir Figure 4.20. En effet, durant l'apprentissage, le réseau et le système sont placés en parallèle. Un échantillon de commandes u est fourni au système. On utilise alors les sorties y du système comme entrées du réseau qui est entraîné à retrouver en sortie les commandes u.

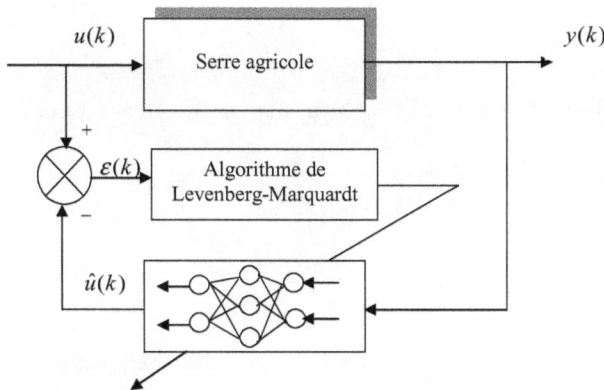

Figure 4.20: *Architecture d'apprentissage du modèle inverse neuronal.*

Cette structure d'apprentissage force le réseau de neurones à reproduire la dynamique inverse du système. Si le réseau est parfaitement entraîné et est placé en série avec le système réel, l'ensemble des deux systèmes forme une parfaite identité entre la sortie et l'entrée (référence) voir Figure 4.21.

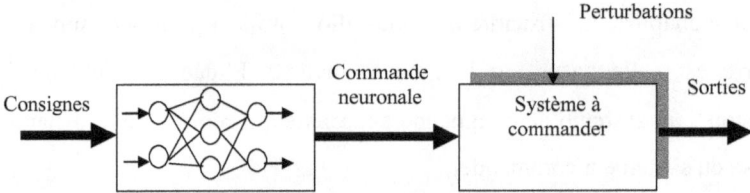

Figure 4.21: *Commande par inversion neuronale.*

L'apprentissage supervisé du modèle inverse neuronal, consiste à calculer les coefficients synaptiques du réseau de neurones de telle manière que ses sorties soient, pour les exemples utilisés lors de l'apprentissage, aussi proches que possible des sorties désirées, qui sont dans notre cas les commandes à appliquer à la serre. Puisque la serre agricole comporte quatre entrées de commande, quatre entrées de perturbation et deux sorties, alors le modèle inverse neuronal doit avoir la structure donnée Figure 4.22. Le Prédicteur neuronal s'écrit:

$$
\begin{bmatrix} \hat{O}v(k) \\ \hat{C}h(k) \\ \hat{B}r(k) \\ \hat{O}m(k) \end{bmatrix} = \hat{f}^{-1}[T_i(k+1)...T_i(k-1)\,H_i(k+1)...H_i(k-1)\,Ov(k)\,Ov(k-1)\,Ch(k)\,Ch(k-1)
$$

$$
Br(k)\,Br(k-1)\,Om(k)\,Om(k-1)]
$$

$$(4.6)$$

En effet, ce réseau de neurones comporte quatorze neurones dans la couche d'entrée, sept neurones dans la couche cachée et quatre neurones dans la couche de sortie. Pour l'apprentissage nous avons utilisé l'algorithme de Levenberg-Marquardt.

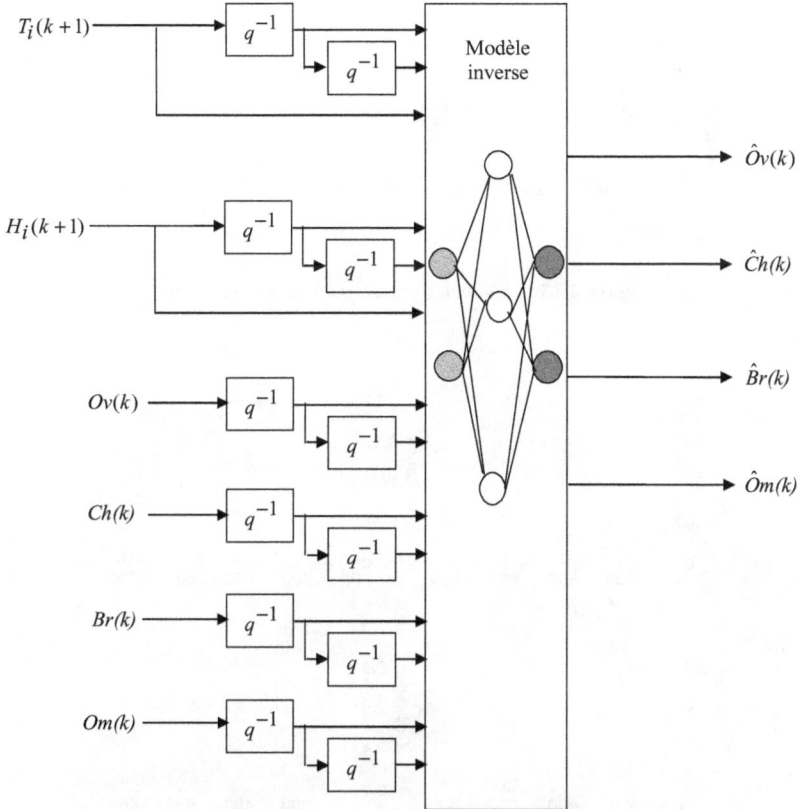

Figure 4.22: *Structure du modèle inverse neuronal pour l'apprentissage.*

Les Figures 4.23 et 4.24 montrent respectivement, les entrées et les sorties désirées pour la phase de l'apprentissage.

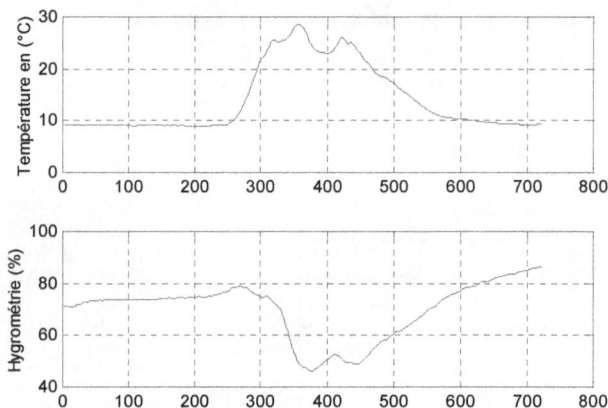

Figure 4.23: *Séquence d'entrée pour l'apprentissage.*

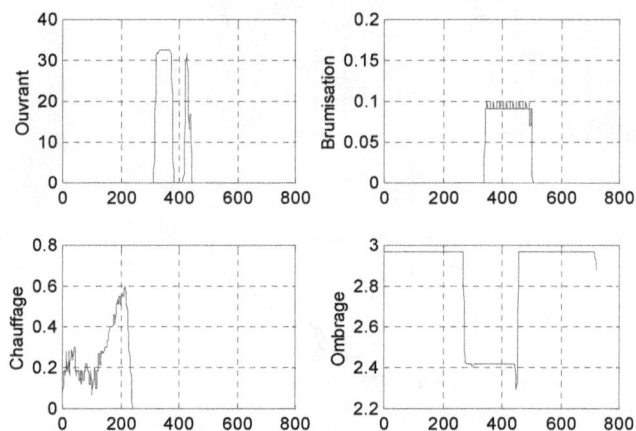

Figure 4.24: *Séquence de la sortie désirée pour l'apprentissage.*

Le réseau de neurones a été entraîné hors ligne pendant 300 itérations d'apprentissage. Afin de tester la qualité du prédicteur neuronal obtenu, il est donc nécessaire de l'essayer sur d'autres séquences de test, de même type (généralisation). Les Figures 4.25, 426, 4.27 et 4.28 montrent les différentes commandes délivrées par le réseau de neurones.

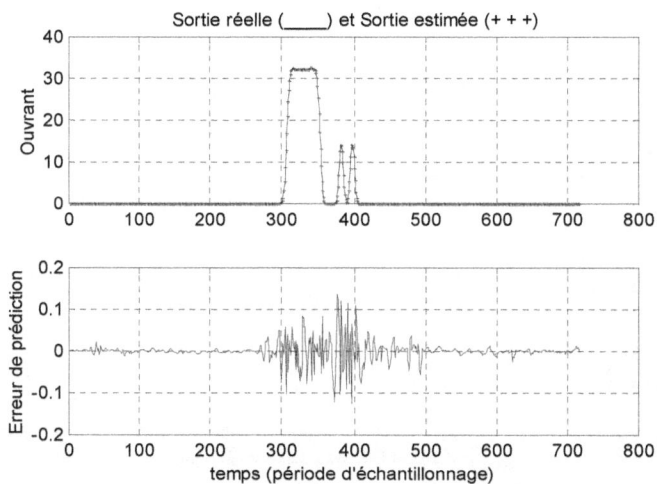

Figure 4.25: *Commande de l'ouvrant.*

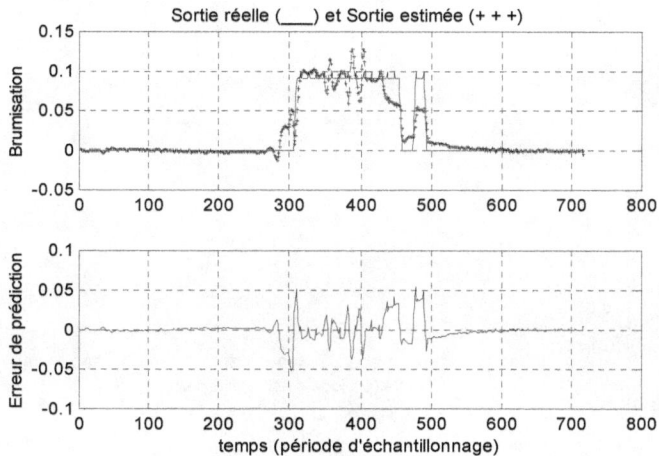

Figure 4.26: *Commande du brumisateur.*

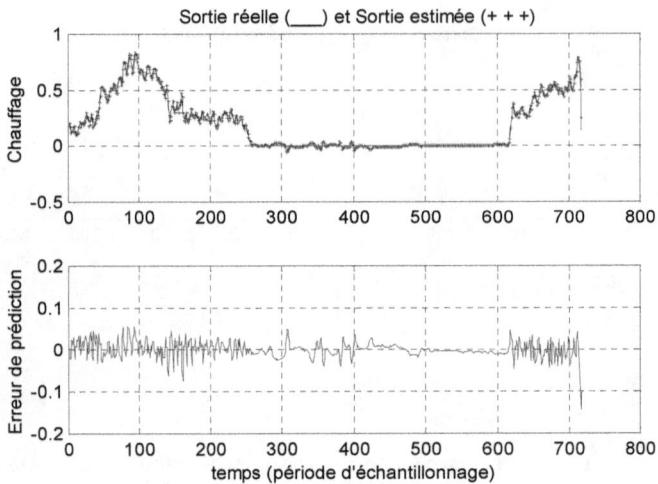

Figure 4.27: *Commande du chauffage.*

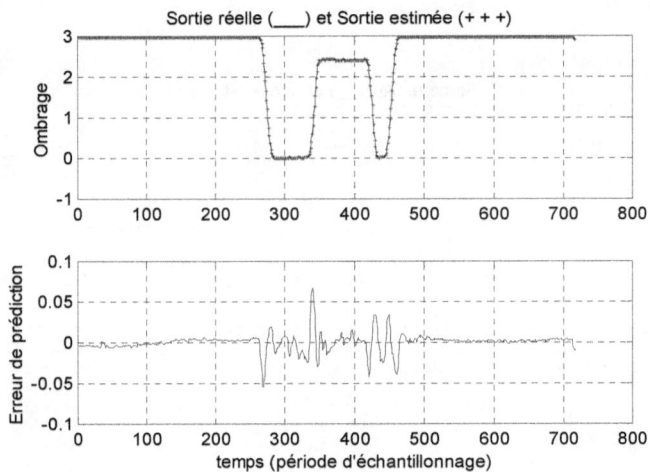

Figure 4.28: *Commande de l'ombrage.*

Ces Figures montrent que le réseau de neurones est capable de délivrer les commandes nécessaires pour bien piloter la serre agricole.

4.5.2. Commande inverse de la serre

Après la phase d'apprentissage, le réseau est donc théoriquement capable de fournir la commande nécessaire pour obtenir une sortie désirée (consigne) qui lui est donnée en entrée.

Afin de mettre en évidence le modèle inverse neuronal obtenu on l'a testé sur un problème de la poursuite de trajectoire par les sorties de notre système serre. Pour notre application, les grandeurs physiques à contrôler sont l'hygrométrie et la température interne. Pour chaque grandeur, on a fixé une consigne variable dans le temps. Les résultats de simulation obtenus sont présentés sur les Figures 4.29 et 4.30. On observe que la commande inverse neuronale peut suivre une trajectoire variable dans le temps avec une erreur, qui paraît négligeable. En effet, pour la température : l'erreur de poursuite est de ± 0.5 °C, pour l'hygrométrie : l'erreur est de -1.5 %. Ces erreurs sont acceptables du fait qu'elles n'influent pas sur l'évolution de la plante.

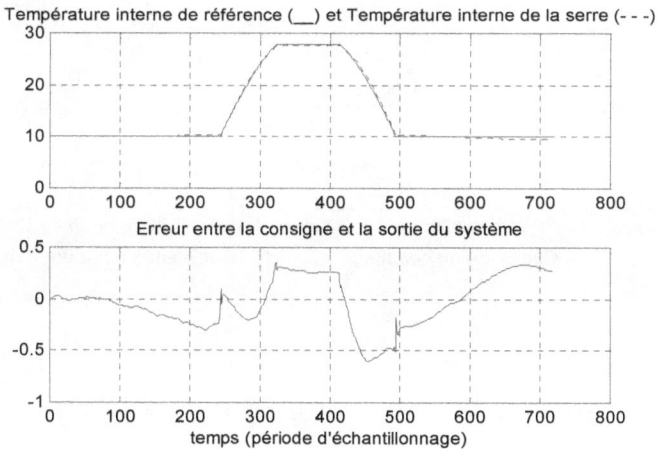

Figure 4.29: *Evolution de la température interne de la serre soumise à une commande neuronale inverse et l'erreur de poursuite.*

Hygrométrie interne de référence (___) et Hygrométrie interne de la serre (- - -)

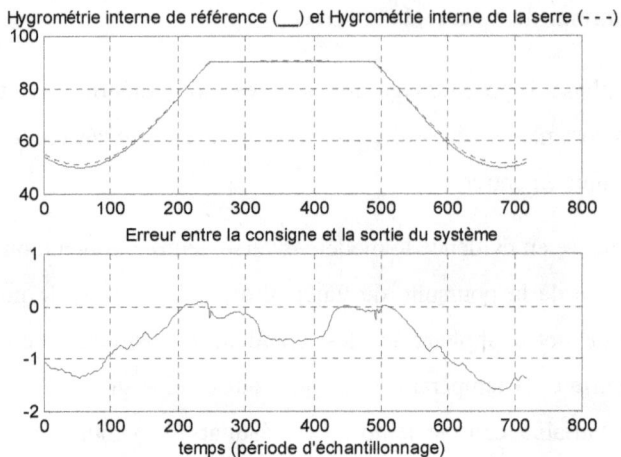

Erreur entre la consigne et la sortie du système

temps (période d'échantillonnage)

Figure 4.30: *Evolution de l'hygrométrie interne de la serre soumise à une commande neuronale inverse et l'erreur de poursuite.*

La Figure 4.31 montre l'évolution des différentes commandes appliquées à la serre agricole.

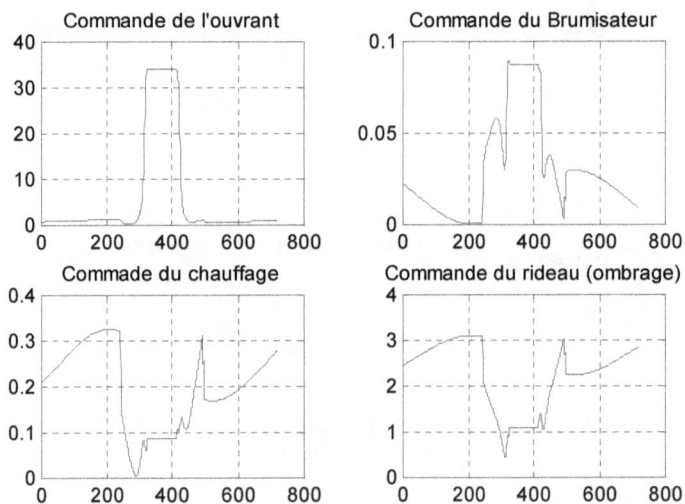

Commande de l'ouvrant

Commande du Brumisateur

Commade du chauffage

Commande du rideau (ombrage)

Figure 4.31: *Signaux de commandes délivrés par le contrôleur neuronal inverse.*

4.6. Conclusion

Ce chapitre a été consacré à l'application des techniques neuronales pour l'identification et la commande d'une serre agricole.

La serre agricole considérée dans notre application est un système complexe (non linéaire, multivariable, stochastique, à paramètres répartis). Il s'avère donc que sa commande présente des difficultés de mise en œuvre et nécessite, par conséquent, des précautions particulières.

Par ailleurs, on a commencé ce chapitre par présenter la serre agricole, ainsi que les fichiers de données dont on dispose. Ensuite, on a présenté la structure du réseau de neurones utilisée pour la modélisation de la serre. Après la phase "modélisation", les différentes étapes de la réalisation de la commande de la serre ont été analysées.

Les principaux résultats analytiques développés dans les chapitres précédents ont été appliqués à la modélisation et à la commande de la serre agricole considérée. De plus, plusieurs résultats de simulation numérique ont été donnés.

Conclusion générale

Dans ce travail, on s'est intéressé à l'étude des problèmes relatifs à la modélisation et à la commande des systèmes complexes (notamment non linéaires et non stationnaires) en incluant les techniques des réseaux de neurones et de la logique floue. Dans ce contexte, différents types d'algorithmes de modélisation et de commande sont proposés. Ces algorithmes ont été testés sur plusieurs exemples de simulation numérique et ont donné des résultats satisfaisants. Certains de ces algorithmes ont été appliqués avec succès dans la modélisation et la commande d'une serre agricole de dimension appropriée.

Au début de ce travail, on a élaboré des modèles de type « boite noire » de systèmes non linéaires stationnaires, utilisant les réseaux de neurones. On a montré que si la structure du modèle n'est pas connue, on considère alors un ensemble de modèles hypothèses de type NNARMAX, NNARX et NNOE, et on définit pour chacun d'entres eux un système d'apprentissage. Afin de valider le modèle obtenu après apprentissage, des tests statistiques, appelés encore tests de blancheur des résidus, ont été développés. Un exemple de simulation numérique de modélisation d'un système de remplissage et d'évacuation d'eau dans une cuve a été traité permettant de confirmer les résultats analytiques développés ici.

La modélisation des systèmes utilisant la logique floue a été étudiée. Une méthode de modélisation floue, basée sur l'algorithme de clustering (Fuzzy C-means), a été utilisée. Cette méthode permet de représenter un système non linéaire par un ensemble de modèles linéaires spécifiques à chaque intervalle de fonctionnement. Notons toutefois que l'utilisation des algorithmes classiques d'optimisation dans la modélisation des systèmes complexes présente des limitations (problème de minimum global). Pour surmonter ces limitations, on a proposé un algorithme basé sur les automates d'apprentissage. Cet algorithme a été appliqué avec succès sur un exemple d'identification d'un système d'inférence floue.

Le noyau principal de notre contribution dans ce travail a concerné l'analyse et le développement de nouveaux schémas de commande des systèmes complexes en utilisant les réseaux de neurones et la logique floue. La première structure de commande utilisée est basée sur le modèle inverse du système. Cette structure, qui correspond en fait à une commande en boucle ouverte, présente des restrictions. En effet, elle est valable uniquement pour les systèmes déterministes ou légèrement bruités (ceci en fonction des performances souhaitées). Bien entendu, l'utilisation de cette structure de commande pour des systèmes stochastiques mène à un échec. Deux structures de commande ont été proposées permettant de surmonter le problème posé. La première structure correspond à une commande prédictive neuronale. Quant à la deuxième structure, elle est basée sur la linéarisation entrée-sortie. Soulignons que les deux structures de commande proposées présentent des restrictions dans le cas de systèmes à paramètres variables dans le temps. Une structure de commande adaptative a été analysée et développée en vue de résoudre ce nouveau problème. Cette nouvelle structure de commande adaptative, qui est basée sur l'estimation de la variance de l'erreur de prédiction à court terme et à long terme s'applique aisément à des systèmes à paramètres variables dans le temps. Les résultats analytiques développés ici ont été confirmés sur des exemples de simulation numérique.

Par ailleurs, on a développé un schéma de commande par duplication neuronale, qui consiste à remplacer le contrôleur flou de type Mamdani par un réseau de neurones. La mise en œuvre de ce schéma de commande a été analysée et appliqué à la régulation de vitesse en temps réel d'un moteur à courant continu.

Aussi, un schéma de commande adaptative floue a été proposé. La mise en œuvre de ce schéma de commande se fait en deux étapes. Une première étape hors ligne, qui consiste à bien conditionner le modèle inverse du système à commander. Une deuxième étape on ligne, qui correspond à l'ajustement des paramètres du modèle inverse et ce, dans le cas de variation des paramètres du système à commander.

Ce travail a été clôturé par l'application des techniques des réseaux de neurones dans la modélisation et la commande d'une serre agricole. Notons que cette serre correspond à un système complexe (non linéaire, non stationnaire, etc...) dont la description par un modèle mathématique adéquat semble difficile, si non impossible à développer. Les résultats de simulation numérique obtenus sont satisfaisants.

En fin, bien que les nouvelles techniques incluant les réseaux de neurones et la logique floue continuent à aider à la résolution des problèmes liés à la modélisation et à la commande des systèmes complexes, les aspects stabilité et robustesse de ces systèmes restent encore un domaine de recherche très vaste.

REFERENCES

Altug, S., M.Y. Chow and H.J. Trussell (1999)
Fuzzy inference systems implemented on neural architectures for motor fault detection and diagnosis.
IEEE Transactions on Industrial Electronics, vol. 46, N° 6, pp. 1069-1079.

Andrews, R., J. Diederich and A. B. Tickle (1995)
A survey and critique of techniques for extracting rules from rained artificial neural networks.
Knowledge-Based Systems, vol. 8, pp. 373-389.

Aström, K. J. (1983)
Theory and application of adaptive control - A survey.
Automatica, vol. 19, N° 5, pp. 471-486.

Aström, K. J., U. Borisson, L. Ljung and B. Wittenmark (1997)
Theory and application of self-tuning regulators.
Automatica, vol. 13, pp. 457-476.

Blanco, A. , M. Delgado and I. Requena (1995)
A learning procedure to identify weighted rules by neural networks.
Fuzzy Sets and Systems, vol. 69, pp. 29-36.

Bühler, H. (1993)
Réglage par logique floue.
Collection électricité, Presses polytechniques et universitaires Romandes, Lausanne.

Behera, L., M. Gopal and S. Chaudhury (1995)

Inversion of RBF networks and applications to adaptive control of nonlinear systems.

IEE Proceedings-Control Theory Application, vol. 142, N° 6, pp. 617-624.

Brdys,M. A. and G. J. Kulawski (1999)

Dynamic neural controllers for induction motor.

IEEE Transactions on Neural Networks, vol. 10, N° 2, pp. 226-233.

Belfore, L. A. and A. R. A. Arkadan (1997)

Modeling faulted switched reluctance motors using evolutionary neural networks.

IEEE Transactions on Industrial Electronics, vol. 44, N° 2, pp. 1207-1221.

Banks, S. P. and R. F. Harrison (1991)

Simple object recognition by neural networks: application of the hugh transform.

International Journal of Control, vol. 54, N° 6, pp. 1469-1476.

Barron, A. R. (1993)

Universal approximation bounds for superposition of a sigmodal function.

IEEE Transactions on Information Theory, vol. 39, N° 3, pp. 930-945.

Bishop, C. M. (1995)

Neural networks for pattern recognition.

Oxford University Press, Oxford.

Bernadette, B.M. (1995)

La logique floue et ses applications.

Addison-Wesley,Paris.

Bloch, G., D. Theilliol and P. Thomas (1994)

Robust identification of non-linear SISO systems with neural networks.
Preprints of 10th IFAC Symposium on System Identification SYSID'94, Copenhagen, Denmark,
4-6 July, vol. 3, pp. 483-488.

Billings, S. A. and W. S. F. Voon (1986)

Correlation based model validity tests for nonlinear models.
International Journal of Control, vol. 44, pp. 235-244.

Billings, S. A. and Q. M. Zhu (1994)

Nonlineair model validation using correlation tests.
International Journal of Control, vol. 49, pp. 1107-1120.

Bortolet, P. (1998)

Modélisation et commande multivariables floues: application à la commande d'un moteur. thermique.
Thèse de doctorat de l'Institut National des Sciences Appliquées de Toulouse.

Babuska, R. (1998)

Fuzzy modeling for control.
Kluwer Academic publishers, Bostom.

Bleuler, H., D. Diez, G. Lauber, U. Meyer and D. Zlatnik (1990)

Nonlinear neural network control with application example.
International Neural Networks Conference, Paris, vol. 1, pp. 201-204.

Barrat, J. P., M. Barrat et Y. Lécluse (1993)

Exemple d'application de la logique floue: commande de la température d'un four pilote.

Technique de l'Ingénieur, Traité Mesures et Contrôle, Automatique, vol. R7, N° R7428, pp. 1-10.

Borne, P., J. Rozinoer, J. Y. Dieulot et L. Dubois (1998)
Introduction à la commande floue.
Collection Science et Technologies, Editions Technip.

Chiang, J. H. and P. D. Gader, (1997)
Hybrid fuzzy-neural systems in handwritten word recognition.
IEEE Transactions, on Fuzzy Systems, vol. 5, N° 4, pp. 312-320.

Campolucci, P., A. Uncini, F. Piazza and D. R. Rao (1999)
On-line learning algorithms for locally recurrent neural networks.
IEEE Transaction on Neural Networks, vol. 10, N° 2, pp. 253-271.

Cybenko, G. (1989)
Approximation by superposition of a sigmoidal function.
Mathematics of Control, Signal and Systems, vol. 2, N° 4, pp. 303-314.

Chen, S., S. Billings and P. Grant (1990)
Non-linear system identification using neural networks.
International Journal of Control, vol. 51 N° 6, pp. 1191-1214.

Chen, S. and S. Billings (1989)
Representation of non-linear systems in the Narmax model.
International Journal of Control, vol. 49, pp. 1019-1032.

Chen, S. and S. Billings (1992)
Neural networks for nonlinear dynamic system modeling and identification.
International Journal of Control, vol. 56, N° 2, pp. 319-346.

Chen, C. T., W. D. Chang and J. Hwu (1997)

Direct control of nonlinear dynamical systems using an adaptive single neuron.

IEEE Transactions on Neural Networks, vol. 2, pp. 33-40.

Datta, A. and J. Ochoa (1996)

Adaptive internal model control: design and stability analysis.

Automatica, vol. 32, N° 2, pp. 261-266.

De Neyer, M. and R. Gorez (1996)

Comments on practical design of nonlinear fuzzy controllers with stability analysis for regulating processes with unknown mathematical models.

Automatica, vol. 32, N° 11, pp. 1613-1614.

Djemel, M. et M. Kamoun (1994)

Identification paramétrique de systèmes non stationnaires.

Congrés Maghrebin de Génie Electrique, vol. 2, pp. MI43-MI50. Radès.

Dubois, D. and H. Parade (1986)

Possibilistic inference under matrix form.

Fuzzy logic in Knowledge Engineering, Verlag TUV Rheinland, Köln, pp. 112-126.

Davolo, E., et P. Naïm (1989)

Des réseaux de neurones.

Editions Eyrolles, Paris.

Fahn, C. S., K. T. Lan and Z. B. Chern (1999)

Fuzzy rules generation using new evolutionary algorithms combined with multilayer Perceptrons.

IEEE on Industrial Electronics, vol. 46, N° 6, pp. 1103-1113.

Franssila, J. and H. N. Koivo (1992)

Fuzzy control of an industrial robot in transporter environment.

IEEE International Conference on Industrial Electronics, Control, Instrumentation and Automation (IECON'92), San Diego, CA, pp. 624-629.

Freeman, J. A. and D. M. Skapura (1991)

Neural networks : Algorithms, Applications and programming techniques.

Addison-Wesley, London.

Fukuda ,T. and T. Shibata (1993)

Theory and applications of neural networks for industrial control systems.

IEEE Transactions on Industrial Electronics, vol. 39, N°6, pp. 472-489.

Fasol, K. H. and H. P. Jörgl (1980)

Principles of model building and identification.

Automatica, vol. 16, pp. 505-518.

Funahashi, K. (1989)

On the approximate realization of continuous mappings by neural networks.

Neural Networks, vol. 2, pp. 183-192.

Guillemin, P. (1996)

Fuzzy logic applied to motor control.

IEEE Transactions on Industry Applications, vol. 32, N°1, pp. 51-56.

Guillemin, P. (1994)

Universal motor control with fuzzy logic.

Fuzzy Sets and Systems, vol. 63, pp. 339-348.

Gill, P. W. Murray and M. H. Wright (1981)

Practical optimization.

Academic Press, New York.

Garcia, C. M. and M. Morari (1982)

A unifying review and some new results.

Ind. Eng. Chem. Process Des. Dev., vol.21, pp. 308-323.

George, Y. L., A. Cunningham and S. V. Coggeshall (1997)

Using fuzzy partitions to create fuzzy systems from input-output data and set the initial weights in a fuzzy neural network.

IEEE Transactions on Fuzzy Systems, vol. 5, N°4, pp. 614-621.

Gori, M. and A. Tesi (1992)

On the problem of local minima in backpropagation

IEEE Transactions on Pattern Analysis and Machine Intelligence, vol. 14, pp. 76-86.

Godjevac, J. (1999)

Idées nettes sur la logique floue.

Presses Polytechniques et Universitaires Romandes.

Gauthier, E. (1999)

Utilisation des réseaux de neurones artificiels pour la commande d'un véhicule autonome.

Thèse de doctorat, Institut National Polytechnique de Grenoble.

Heber, B., L. Xu and Y. Tang (1995)

Fuzzy logic enhanced speed control of an indirect field oriented induction machine drive.

IEEE – PES Winter Meeting, pp. 1288-1294.

Hérault, J. et C. Jutten (1994)

Réseaux neuronaux et traitement du signal.

Editions Hermès, Paris.

Hornik, K. (1989)

Multilayer feedforward networks are universal approximators.

Neural Networks, vol. 2, pp. 359-366.

Hornik, K., M. Stinchcombe and H. White (1990)

Universal approximation of an unknown mapping and its derivatives using multilayer feedforward networks.

Neural Networks, vol. 3, pp. 551-560.

Hebb, D. O. (1949)

The organization of behaviour.

John Wiley, New-York.

Iatrou, M., T. W. Berger and V. Z. Marmarelis (1999)

Modeling of nonlinear nonstationary dynamic systems with a novel class of artificial neural Networks.

IEEE Transactions on Neural Networks, vol. 10, N° 2, pp. 327-339.

Isermann, R. and K. H. Lachmann (1985)

Parameter-adaptive control with configuration aids and supervision functions.

Automatica, vol. 21, N° 6, pp. 625-638.

Iserman, R. (1980)

Practical aspects of process identification.

Automatica, vol. 16, pp. 575-587.

Izuno, Y., R. Takeda and M. Nakaoka (1992)

New fuzzy reasoning-based high-performance speed/position servo control shames incorporating ultrasonic motor.

IEEE Transactions on Industry Applications, vol. 28, N°3, pp. 613-618.

Iwahori, Y., N. Ishii, R. J. Woodham, M. Ozaki and Y. Adachi (1994)

An application to photometric stereo by neural networks.

Journal of Intelligent and Fuzzy Systems, vol. 2, pp. 69-73.

Isidori, A. (1989)

Nonlinear control systems, an introduction.

Springer Verlag, Newyork.

Juang, C. F. and C. T. Lin (1998)

An on line self constructing neural fuzzy inference network and its applications.

IEEE Transaction on Fuzzy Systems, vol. 6, N° 1, pp. 12-13.

Jang, J. S. R. and C. T. Sun (1995)

Neuro-Fuzzy Modeling and Control.

Proceedings of IEEE, vol. 83, pp. 378-406.

Koivisto, H., V. T. Ruoppila and H. N. Koivo (1992)

Properties of the neural network internal model controller.

IFAC/IFIP/IMACS International Symposium on Artificial Intelligence in Real-Time Control (AIRTC'92), Delft, pp. 221-226.

Koivisto, H., V. T. Ruoppila and H. N. Koivo (1993)

Real-time neural network control- An IMC approach.

12th IFAC World Congress, Sydney, vol. 4, pp. 47-52.

Karayiannis, N. B. and A. N. Venetsanopoulos (1992)

Fast learning algorithms for neural networks.

IEEE Transactions on Circuits and Systems-II : Analog and Digital Signal Processing, vol.

39, N° 7, pp. 453-474.

Karayiannis, N. B. and J. C. Bezdek (1997)

An integrated approach to fuzzy learning vector quantization and fuzzy c-means clustering.

IEEE Transactions on Fuzzy Systems, vol. 5, N° 4, pp. 622-630.

Kamoun, M., Y. Koubaa et M.B.A. Kamoun (1988)

Modélisation d'un alternateur à partir de mesures expérimentales.

Actes des 9 èmes JTEA, pp. AU13.1-AU13.4, *Monastir.*

Lin, C. T. and M. C. Kan (1998)

Adaptive fuzzy command acquisition with reinforcement learning.

IEEE Transactions on Fuzzy Systems, vol. 6, N° 1, pp. 102-121.

Lee, M., S. Y. Lee and C. H. Park (1994)

Neuro-Fuzzy identifiers and controllers.

Journal of Intelligent and Fuzzy Systems, vol. 2, pp. 1-14.

Landau, I. D. (1984)

Commande adaptative: un tour guidé.

Colloque du CNRS sur la commande adaptative: Aspects pratiques et théoriques,Grenoble.

Ljung, L. and T. Söderström (1983)

Theory and practice of recursive identification.

MIT Press. Cambridge, MA.

Ljung, L. (1987)

System identification: theory for the user.
Prentice-Hall, Englewood Cliffs, New Jersey.

Lacrose, V. (1997)

Réduction de la complexité des contrôleurs flous: application à la commande multivariable.
Thèse de doctorat, Institut National des Sciences Appliquées de Toulouse.

Mamdani, E. H. and S. Assilian (1975)

An experiment in linguistic synthesis with a fuzzy logic controller.
International Jornal of Man-Machine Studies, vol. 7, pp. 1-13.

Mamdani, E. H. (1974)

Applications of fuzzy algorithms for simple dynamic plants.
Proceedings of the IEEE, 121(12), pp. 1585-1588.

Martin, J. A. and S. Sawadogo (1989)

Fuzzy linguistic variables in the expert supervision of control systems.
Proceedings of the International Symposium IFAC/IMACS/IFORS on Advanced Information Processing in Automatic Control- AIPAC'89, pp. 287-289.

Mao, K. Z. and S. A. Billings (1997)

Algorithms for minimal model structure detection in nonlinear dynamic system identification.
International Jornal of Control, vol. 68, N° 2, pp. 311-330.

Mir, S. A., M. E. Elbuluk and D. S. Zinger (1994)

Fuzzy implementation of direct self control of induction machines.
IEEE Transactions on Industry Applications, vol. 30, N° 3, pp. 729-735.

Mc Culloch,W.S. and W. H. Pitts (1943)

A logical calculus of the ideas immanent is nervous activity.
Bulletin of Mathematics and Biophysics, vol. 5, pp. 115-1333.

Mody, J. and C. Darken (1989)

Fast learning in networks of locally-tuned processing units.
Neural Computation, N° 1, pp.281-294.

Nicolaos, B. K. and J. C. Bezdek (1997)

An integred approach to fuzzy learning vector quantization and fuzzy c-Means clustering.
IEEE Transactions on fuzzy systems, vol. 5, pp. 622-630.

Noriega, J. R. and H. Wang (1998)

A direct adaptive neural-network control for unknown nonlinear systems and its application.
IEEE Transactions on Neural Networks, vol. 9, N° 1, pp. 27-33.

Nguyen, D. H. and B. Widrow (1991)

Neural networks for self-learning control systems.
International Journal of Control, vol. 54, N° 6, pp. 1439-1451.

Nguyen, D. H. and B. Widrow (1989)

The truck backer upper: an example of self learning in neural networks.
International Joint Conference on Neural Networks Washington, vol. 2, pp. 18-23.

Najim, K., H. Youlal, M. Najim, B. Dahhou, M. Haloua et R. Benayad (1989)

Modélisation et commande adaptative à placement de pôles.
RAIRO-APII, vol. 23, pp. 263-282.

Najim, K. (1988)

Multivariable control of liquid - liquid extraction columns using a probabilistic automaton.

Proceedings of the Institution of Electrical Engineers, Pt D, 135, pp. 479-485.

Norgaard, M. (1996)

System identification and control with neural networks.

Thesis, Intitute of Automation, Technical University of Denmark.

Nerrand, O., R. P. Roussel, D. Urbani, L. Personnaz and G. Dreyfus (1994)

Training recurrent neural networks: Why and How? An illustration in process modeling

IEEE Transactions on Neural Networks, vol. 2, N° 2, pp. 252-262.

Nerrand, O., R. P. Roussel, L. Personnaz and G. Dreyfus (1993)

Neural networks and nonlinear adaptive filtering: unifying concepts and new algorithms.

Neural computation, vol. 5, pp. 165-199.

Orsier, B. (1995)

Etude et application de systèmes hybrides neurosymboliques.

Thèse de doctorat, Université Joseph Fourrier Grenoble.

Oueslati, L. (1990)

Commande multivariable d'une serre agricole par minimisation d'un critère quadratique.

Thèse de Docteur-Ingénieur de l'Université de Toulon et du Var.

Parisini, T. and R. Zoppoli (1995)

A receding-horizon regulator for nonlinear systems and a neural approximation.

Automatica, vol. 31, N° 10, pp. 1443-1451.

Psaltis, D., A. Sideris and A. A. Yamamura (1988)

A multilayered neural network controller.

IEEE Control Systems Magazine, vol. 8, pp. 17-21.

Psaltis, D., A. Sideris and A. A. Yamamura (1987)

Neural controllers.

IEEE International Conference on Neural Network Controller, vol. 4, pp. 551-558.

Poznyak, A.S., K. Najim and M. Chtourou (1996)

Analysis of the behaviour of multilevel hierarchical systems of learning automata and their application for multimodal functions optimization.

International Journal of Systems Science, vol. 27, N° 1, pp. 97-112.

Qin, S. Z., H. T. Su and T. J. McAvoy (1992)

Comparison of four neural net learning methods for dynamic system identification.

IEEE Transactions on Neural Networks, vol. 3, N° 1, pp. 122-129.

Rivals, I. (1995)

Modelisation et commande de processus par réseaux de neurones.

Thèse de Doctorat de l'Université Paris 6.

Rosenblatt, F. (1958)

The perceptron: A probabilistic model for information storage and organization in the brain.

Psychological Review, pp. 386-408.

Renders, J. M. (1995)

Algorithmes génétiques et réseaux de neurones.

Editions Hermès, Paris.

Rumelhart, D. E., G. E. Hinton and R. J. Williams (1986)
Learning internal representations by error propagation.
Parallel Distributed Processing: Explorations in the Microstructure of Cognition, vol.1, *Mit Press.*

Stenman, A. (1999)
Model-free Predictive Control.
Technical reports from the Automatic Control group in Linköping N° LITH-ISY-R-2119, pp. 1-7.

Sousa, J. M. and M. Setnes (1999)
Fuzzy predictive filters in model Predictive control.
IEEE Transactions on Industrial Electronics, vol. 46. N° 6, pp. 1225-1232.

Sorsa, T. and H. N. Koivo (1992)
Application of neural networks in the detection of breaks in a paper machine.
IFAC Symposium : On-Line Fault Detection and Supervision in the Chemical Process Industries, Newark, Delware, pp. 162-167.

Sorsa, T. and H. N. Koivo (1993)
Application of artificial neural networks in process fault diagnosis.
Automatica, vol. 29, N° 4, pp. 843-849.

Sorsa, T., J. Suontausta and H. N. Koivo (1993)
Dynamic fault diagnosis using radial basis function networks.
Tooldiag'93, International Conference on Fault Diagnosis, Toulouse, France, pp. 160-169.

Shaocheng, T., C. Tianyou and L. Qingguo (1997)

Fuzzy direct adaptive control for a class of decentralized nonlinear systems.

Cybernetics and Systems : An International Journal, 28, pp. 653-673.

Sjöberg, J., H. Hjalmarsson and L. Ljung (1994)

Neural networks in system identification.

Report LiTH-ISY-1622, Department of Electrical Engineering, Linköping University, Linköping.

Sjöberg, J., Q. Zhang, L. Ljung, A. Benveniste, B. Delyon, P. Y. Glorrence, H. Hjalmarsson and A. Juditski (1995)

Nonlinear black-box modeling in system identification: a unified overview.

Automatica, vol. 31, N° 12, pp. 1691-1724.

Söderström, T. and P. Stoica (1989)

System Identification.

Prentice Hall, Englewood Cliffs, N.J.

Shehu, S. F., F. Dimitar and L. Reza (2000)

Fuzzy control : synthesis and analysis.

John Wiley and Sons, LTD.

Sejnowski, T.J and C.R. Rosenberg (1987)

Parallel networks that learn to pronounce english text complex.

System1, pp.145-168.

Setiono, R. and H. Liu (1997)

Neurolinear: from neural networks to oblique decision rules.

Neurocomputing, vol. 17, pp. 1-24.

Slotine, J. J. E. (1991)

Applied nonlinear control.

Prentice-Hall. Inc. A Division of Simon & Schuster Englewood Cliffs, New Jersey 07632.

Tai, H. M., J. Wang and K. Ashenayi (1992)

A Neural network-based tracking control system.

IEEE Transactions on Industrial Electronics, vol. 39, N° 6, pp. 504-510.

Takagi, T. and M. Sugeno (1985)

Fuzzy identification of systems and its applications to modeling and control.

IEEE Transactions on Systems, MAN, and Cybernetics, vol. SMC-15, N° 1, pp.116-132.

Tanomaru, J. and S. Omatu (1992)

Process control by on-line trained neural controllers.

IEEE Transactions on Industrial Electronics, vol. 39, N° 6, pp. 511-521.

Tan, Y. and A. V. Cauwenberghe (1996)

Nonlinear one–step-ahead control using neural networks : Control strategy and stability Design.

Automatica, vol. 32, N° 12, pp. 1701-1706.

Tanaka, K. (1996)

An approach to stability criteria of neural-network control systems.

IEEE Transactions on Neural Networks, vol. 7, N° 3, pp. 629-642.

Touzet (1992)

Les réseaux de neurones artificiels. introduction au connexionnisme.

Collection de l'EERIE, Nîmes.

Vermeiren, L., T. M. Guerra and G. Paganelli (1997)

Application of fuzzy set theory to electric car control.

Cybernetics and Systems : An International Journal, vol. 28, pp. 675-693.

Widrow, B. and M. A. Lehr (1990)

30 years of adaptive neural networks : Perceptron, Madaline, and Backpropagation.

Proceedings of the IEEE, vol. 78, N° 9, pp. 1415-1441.

Werbos, P. J. (1991)

Neurocontrol, biology and the mind : new developments and connections.

IEEE Proceeding, SMC.

Werbos, P. J. (1993)

Neurocontrol and elastic fuzzy logic: capabilities, concepts, and applications.

IEEE Transactions on Industrial Electronics, vol. 40, N° 2, pp. 170-180.

Werbos, P. J. (1990)

Backpropagation through time : what it does and how to do it.

Proceedings of the IEEE, vol. 78, N° 10, pp. 1550-1559.

Weber, S. (1983)

A general concept of fuzzy connectives, negations and implications based on t-norms and t-conorms.

Fuzzy Sets and Systems, vol. 11, pp. 115-134.

Wu, Q. H., B. W. Hogg and G. W. Irwing (1992)

A neural network regulator for turbogenerators.

IEEE Transactions on Neural Networks, vol. 3, N° 1, pp. 95-100.

Xie, W. F. and A. B. Rad (2000)

Fuzzy adaptive internal model control.

IEEE Transactions on Industrial Electronics, vol. 47, N° 1, pp. 193-202.

Yamaguchi, T., T. Takagi and T. Mita (1992)

Self-organizing control using fuzzy neural networks.

International Jornal of Control, vol. 56, N° 2, pp. 415-439.

Yamamoto, T., M. Kaneda and T. Oki (1996)

A self-tuning PID controller fused artificial neural networks.

13th IFAC World Congress, San Francisco, ref. 3b-044, pp. 127-132.

Yabuta, T. and T. Yamada (1990)

Possibility of neural networks controller for robot manipulators.

IEEE International Conference on Robotics and Automation, vol. 3, pp. 38-45.

Yaïch, A., A. Chaari, A. and M. Kamoun (1998a)

Comparing learning performance of neural networks and fuzzy systems.

Actes des Journées Tunisiennes d'Electrotechnique et d'Automatique (JTEA'98), Nabeul, Tunisia, vol. 1, pp. 260-265.

Yaïch, A., A. Chaari, A. and M. Kamoun (1998b)

Real-time fuzzy regulation of a current motor.

Computational Engineering in Systems Applications (CESA'98), Nabeul-Hammamet, Tunisia, vol. 1, pp. 557-561.

Yaïch, A., A. Chaari, A. et M. Kamoun (1999)

Application de la logique floue pour la commande de température d'un four électrique.

Actes du 6ème Colloque d'Informatique Industrielle (CII'99), Djerba, Tunisia, pp. 12-17.

Yaïch, A., A. Chaari, A. and M. Kamoun (2000a)

Control by feedback linearization based on neural network.

International Conference on Artificial and Computational Intelligence for Decision. Control and Automation in Engineering and Industrial Applications (ACIDCA'2000), Systems Analysis and Automatic Control, Monastir, Tunisia, pp. 79-84.

Yaïch, A., A. Chaari, A. and M. Kamoun (2000b)

Real-time fuzzy and neuro-fuzzy regulation of current motor.

Actes des Journées Tunisiennes d'Electrotechnique et d'Automatique (JTEA'2000), Nabeul, Tunisia, vol. 1, pp. 24-32.

Yaïch, A., A. Chaari, A. and M. Kamoun (2000c)

A learning-automaton based method for fuzzy adaptive control.

2ND *Middle East Symposium on Simulation and Modelling (MESM'2000), Aman, Jordan,* pp. 130-135.

Zhao, J. and I. Kanellakopoulos (1997)

Adaptive control of discrete-time strict-feedback nonlinear systems.

Proceedings of the 1997 American Control Conference, Albuquerque, NM, pp. 828-832.

Zhang, J. and A. J. Morris (1999)

Recurrent neuro-fuzzy networks for nonlinear process modeling.

IEEE Transactions on Neural Networks, vol. 10, N° 2, pp. 313-326.

Zadeh, L. A. (1965)

Fuzzy sets.

Information and Control 8, vol.8, pp. 338-353.

Zadeh, L. A. (1973)

Outline of a new approach to the analysis of complex systems and decision processes.

IEEE Transactions on Systems, Man and Cybernetics, vol.3, pp. 28-44.

Zadeh, L. A. (1971)

Similarity relations and fuzzy ordering.

Information Sciences, vol. 3, pp. 177-200.

Zadeh, L. A. (1975)

The concept of linguistic variable and its application to approximate reasoning, parts 1 and 2.

Information Sciences, vol. 9, pp. 199-249, 301-357.

www.ingramcontent.com/pod-product-compliance
Lightning Source LLC
Chambersburg PA
CBHW021037210326
41598CB00016B/1051